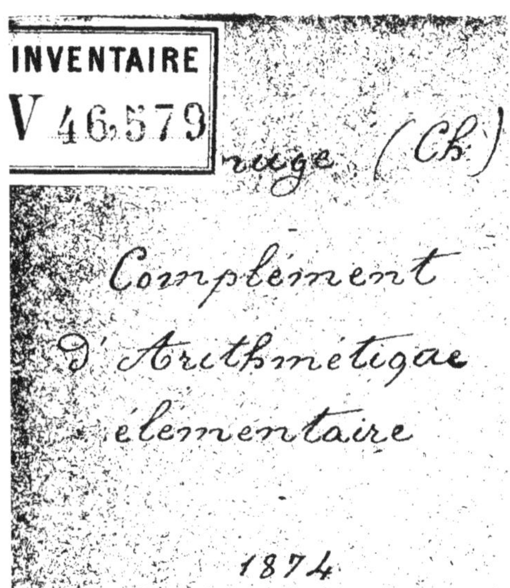

...rage (Ch.)

Complément
D'Arithmétique
élémentaire

1874

COMPLÉMENT D'ARITHMÉTIQUE ÉLÉMENTAIRE

A L'USAGE

DES ÉCOLES PRIMAIRES ET DES CLASSES ÉLÉMENTAIRES
DES DIVERS ÉTABLISSEMENTS D'INSTRUCTION PUBLIQUE

PAR

L'abbé CH. MENUGE

PROFESSEUR DE SCIENCES MATHÉMATIQUES ET PHYSIQUES
AU PETIT SÉMINAIRE DE SAINT-GAULTIER

PARIS
LIBRAIRIE CH. DELAGRAVE
58, RUE DES ÉCOLES, 58

1874

AVERTISSEMENT.

Ce Complément fait suite à l'Arithmétique que nous avons publiée à l'usage des classes élémentaires. Il s'adresse aux élèves les plus avancés des écoles primaires ainsi qu'à ceux des autres établissements d'instruction qui peuvent désirer des développements étendus et faciles sur toutes les opérations d'Arithmétique. Il forme, avec l'Arithmétique élémentaire, l'introduction aux cours de mathématiques usités dans les classes.

Nota. — Les chapitres indiqués entre parenthèses, après ceux du complément, sont les chapitres correspondants de l'Arithmétique élémentaire.

COMPLÉMENT

D'ARITHMÉTIQUE

ÉLÉMENTAIRE

CHAPITRE PREMIER.

(Chap. V)

Division des nombres entiers.

Cas particulier.

1. Règle abrégée pour prendre la moitié, le tiers, le quart, le cinquième, etc., d'un nombre. — 11e Règle. — Lorsqu'on a à diviser par un nombre très-peu élevé comme 2, 3, 4, 5, etc., on ne pose pas la division, mais on la fait en partie de tête, comme dans les exemples suivants :

2. *Exemples.* — 1er Exemple. — Prendre le tiers de 6471.

Opération.

6471
———
2157

Explication. — Je dis : le tiers de 6 est 2, je pose 2 au-dessous. Le tiers de 4 est 1, pour 3 (dont le tiers est exactement 1), je pose 1 ; il reste 1 que je joins comme dizaine au chiffre suivant 7, ce qui fait 17. Le tiers de 17 est 5 pour 15, je pose 5 ; il reste 2 que je joins au chiffre suivant 1 pour faire 21. Le tiers de 21 est 7, sans reste, je pose 7. Le tiers du nombre proposé est donc exactement 2157.

Nota. — Cette opération est une sorte de division abrégée dans laquelle on n'écrit ni le diviseur, ni les dividendes partiels, ni les restes.

2e Exemple. — Prendre le quart de 1400171.

Opération.

1400171
———
350042

Explication. — Le quart de 14 est 3 pour 12, je pose 3, il reste 2. Le quart de 20 est 5, je pose 5. Le quart de 0 est 0, je pose 0. Le quart de 1 est zéro, je pose 0. Le quart de 17 est 4 pour 16, je pose 4, il reste 1. Le quart de 11 est 2 pour 8, je pose 2, il reste 3. Si l'on ne veut pas tenir compte du reste, on dira que le quart du nombre proposé est, à une unité près, 350042.

3e EXEMPLE. — Prendre le quart de 1400171 (le même nombre que dans l'exemple précédent), à 0,1 près.

Opération.

1400171

350042,7

Explication. — J'opère d'abord comme dans l'exemple précédent. Ayant à la fin écrit le quart de 11 qui est 2, puis une virgule, il reste 3. J'ajoute 0 à ce reste, ce qui fait 30, le quart de 30 est 7 pour 28, je pose 7, il reste 2. Le quart du nombre proposé est donc, à 0,1 près, 350042,7.

Remarque. — Si, dans cet exemple, je poussais l'opération jusqu'aux centièmes, j'aurais un résultat exact. Pour cela, au reste 2 j'ajoute 0, ce qui fait 20, le quart de 20 est 5, sans reste, je pose 5. Le quart du nombre proposé est donc exactement 350042,75.

4e EXEMPLE. — Prendre le cinquième de 8,2.

Opération.

8,2

1,64

Explication. — Le cinquième de 8 est 1 pour 5, je pose 1, puis virgule, il reste 3. Le cinquième de 32 est 6 pour 30, je pose 6, il reste 2; le cinquième de 20 est 4, je pose 4. Le cinquième du nombre proposé est 1,64.

Exercices.

(11e règle, n° 1.)

1° *D'après les* 1er *et* 2e *exemples*, p. 5.

1. Prendre la moitié des nombres suivants, à 1 unité près:

846; 672; 21964; 72058; 15801; 25179.

2. Prendre le tiers, puis le quart, puis le cinquième des mêmes nombres.
3. Prendre le sixième, le septième, le huitième, le neuvième des mêmes nombres.

2° *D'après le* 3e *exemple et la remarque*, ci-dessus.

4. Prendre la moitié, le tiers, le quart, le cinquième des nombres suivants, à 0,1 ou à 0,01 près :

757; 83; 12007; 2419; 10021; 7151.

5. Prendre le septième et le neuvième des mêmes nombres à 0,1 près.

3° *D'après le 4e exemple*, p. 6.

6. Prendre le tiers et le quart des nombres suivants, à 0,01 près :

2,5; 8,42; 17,3; 0,52; 0,3; 0,45.

Preuve de la division par 9.

3. Si la division n'a pas donné de reste, on applique au dividende considéré comme un produit, et à ses deux facteurs (diviseur et quotient), la preuve de la multiplication par 9. Si la division a donné un reste, on retranche ce reste du dividende et on considère le résultat de la soustraction comme étant le dividende exact. En faisant cette soustraction, on a soin de tenir compte des zéros qui auraient été ajoutés dans la suite de l'opération pour avoir des chiffres décimaux au quotient.

4. *Exemples.* — 1er EXEMPLE.

Dividende	Diviseur
20405	265
1855	
000	77

Preuve par 9.

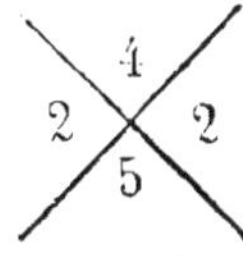

Explication. — Additionnant les chiffres du diviseur 265 et retranchant 9, j'ai pour reste 4, que j'écris. Additionnant de même les chiffres du quotient 77 et retranchant 9, j'ai pour reste 5. Je multiplie 4 par 5. Le produit 20 étant divisé par 9 donne pour reste 2. En additionnant les chiffres du dividende 20405 et retranchant 9, j'ai aussi 2 pour reste. J'en conclus que la division est bien faite.

2e EXEMPLE.

Dividende	Diviseur
456771	834
3977	
6411	547
Reste 573	
456198	

Preuve par 9.

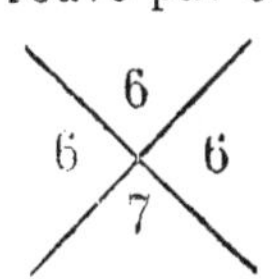

Explication. — Je commence par retrancher du dividende le reste de la division. Le résultat de la soustraction, 456198, étant le produit exact du diviseur par le quotient, doit être traité, pour la preuve par 9, comme l'a été le dividende dans l'exemple précédent. Ce produit donnant, à la preuve, le dernier reste 3, la division est bien faite.

3e EXEMPLE.

```
  48  | 37
 110  |------
  360 | 1,29
   27
-----
 4773
```

Preuve par 9.

```
\  1  /
3  X  3
/  3  \
```

Explication. — Je retranche le reste 27 du dividende 4800, (au lieu de 48 à cause des deux zéros qui ont été ajoutés dans le cours de la division), puis j'opère comme dans l'exemple précédent.

Exercices.

Faire la preuve par 9 de quelques-unes des divisions proposées dans l'Arithmétique, p. 89.

CHAPITRE II

(Chap. VII.)

Division des nombres décimaux.

Méthode abrégée quand le diviseur a moins de chiffres décimaux que le dividende.

5. 1er CAS. — LORSQUE LE DIVISEUR EST UN NOMBRE ENTIER. — 4e RÈGLE. — On divise d'abord la partie entière du dividende, écrivant 0 au quotient si elle ne contient pas le diviseur. Puis l'on met une virgule. Si la partie entière du dividende a donné 0 au quotient, on prend les autres chiffres du dividende un à un, ajoutant au besoin des zéros et l'on écrit chaque fois 0 au quotient jusqu'à ce qu'on ait un dividende assez grand pour contenir le diviseur. On continue ensuite la division comme à l'ordinaire.

6. *Exemples.* — 1er EXEMPLE.

```
485,62 | 15
 35    |------
  56   | 32,37
  112
    7
```

Explication. — La partie entière du dividende, 485, donne 32 au quotient. Je mets une virgule ; puis, j'abaisse les chiffres suivants 6 et 2 du dividende. Ils donnent au quotient 37 centièmes avec un reste.

2e Exemple.

```
3,671 | 25
117   |------
 171  | 0,146
  21
```

Explication. — En 3, il n'y est pas, je pose 0 au quotient, puis une virgule. En 36 il y est 1 fois, je pose 1 au quotient, etc.

3e Exemple. — 0,038 à diviser par 72 (5e ex. du no 264 de l'Arithmétique, p. 116).

```
0,0380 | 72
   200 |--------
    56 | 0,00052
```

Explication. — En 0 il n'y est pas, je pose 0 au quotient, puis virgule. Je prends le chiffre suivant 0 du dividende. En 0 il n'y est pas, je pose 0 au quotient. Je prends le chiffre suivant 3. En 3 il n'y est pas, je pose 0 au quotient. Je prends le chiffre suivant 8. En 38 il n'y est pas, je pose 0 au quotient. J'ajoute 0 au dividende. En 380 il y est 5 fois, je pose 5 au quotient. Je continue comme à l'ordinaire.

4e Exemple. — Diviser 0,038 par 7225.

```
0,038000 | 7225
   18750 |----------
    4300 | 0,0000052
```

7. *Raison de la règle précédente.* — (Voy. le 1er ex.). — En divisant 48 dizaines par un nombre d'unités, on doit avoir au quotient des dizaines. En divisant 35 unités on doit avoir au quotient des unités. En divisant 56 dixièmes on doit avoir des dixièmes, et ainsi de suite.

Dans le 3e exemple, le dividende 380 étant un nombre de dix-millièmes, le premier chiffre 5 du quotient exprime aussi des dix-millièmes. Dans le 4e exemple, le dividende 38000 étant un nombre de millionièmes, le premier chiffre 5 du quotient exprime aussi des millionièmes.

8. 2e Cas. — Lorsqu'un diviseur décimal a moins de chiffres décimaux que le dividende. — 5e Règle. — On supprime la virgule du diviseur, puis on avance celle du dividende d'autant de rangs vers la droite qu'il y avait de chiffres décimaux au diviseur. On retombe ainsi dans le cas précédent.

9. *Exemples.* — 1er Exemple. Diviser 54,37 par 2,4 (2e ex. du no 264 de l'Arithmétique, p. 114).

```
543,7 | 24
63    |------
157   | 22,65
 130
  10
```

Explication. — Je supprime la virgule du diviseur, ce qui fait 24; et, comme il y avait un chiffre décimal au diviseur, j'avance la virgule du dividende d'un rang vers la droite, ce qui fait 543,7. Puis je fais la division d'après la 4e règle.

2e Exemple. — Diviser 0,0054 par 0,06 (Arithmétique, 6e ex., n° 264, p. 116).

```
000,54 | 006      ou   0,54 | 6
0      |-----               |---
       | 0,09               |
```

Explication. — La virgule du diviseur étant supprimée et celle du dividende étant avancée de deux rangs vers la droite, j'ai à diviser 0,54 par 6. Pour cela je dis : en 0 combien de fois 6? il n'y est pas, je pose 0 au quotient, puis virgule. En 5 il n'y est pas, je pose 0 au quotient. En 54 il y est 9 fois, je pose 9 au quotient. La soustraction étant faite, il reste 0.

10. *Raison de la règle précédente.* — En effaçant la virgule du diviseur et en déplaçant convenablement celle du dividende, les deux nombres deviennent le même nombre de fois plus grands. Le quotient de la division n'est donc pas changé.

11. *Preuve de la division dans le cas précédent.* — On multiplie le quotient par le diviseur tel qu'il a été proposé dans la question. On doit trouver au produit le dividende proposé.

Exemple. — Preuve du 2e ex. ci-dessus.

```
  0,06
  0,09
------
0,0054
```

Exercices.

Les mêmes que ceux proposés au chapitre VII de l'Arithmétique, nos 514 et suivants, p. 120, dans lesquels le diviseur n'a pas de chiffres décimaux ou en a moins que le dividende.

CHAPITRE III

(Chap. VIII)

Calcul des fractions ordinaires.

Principes fondamentaux sur les fractions ordinaires.

12. 1er Principe. — Si le numérateur d'une fraction devient un certain nombre de fois plus petit ou plus grand, la valeur de la fraction devient le même nombre de fois plus petite ou plus grande.

13. *Exemple.* — Soit la fraction $\frac{6}{8}$. Si l'on écrit $\frac{12}{8}$, la fraction est deux fois plus grande ; si l'on écrit, au contraire, $\frac{3}{8}$, elle est deux fois plus petite.

14. *Raison de ce principe.* — Dans l'exemple précédent, le dénominateur n'étant pas changé, l'espèce des parties de l'unité reste la même, ce sont toujours des *huitièmes* ; mais le nombre des parties devient deux fois plus grand dans un cas et deux fois plus petit dans l'autre ; la fraction est donc d'abord deux fois plus grande, puis deux fois plus petite.

15. 2e Principe. — Si le dénominateur d'une fraction devient un certain nombre de fois plus petit, la fraction devient le même nombre de fois plus grande. Si, au contraire, le dénominateur devient un certain nombre de fois plus grand, la fraction devient le même nombre de fois plus petite.

16. *Exemple.* — Soit la fraction $\frac{6}{8}$. Si l'on écrit $\frac{6}{4}$, la fraction est deux fois plus grande. Si l'on écrit $\frac{6}{16}$, elle est deux fois plus petite.

17. *Raison de ce principe.* — Dans l'exemple précédent, le numérateur n'étant pas changé, le nombre

des parties exprimées par la fraction reste le même, c'est toujours 6 parties ; mais l'espèce devient deux fois plus grande dans le premier cas (des quarts au lieu de huitièmes), et deux fois plus petite dans le second (des seizièmes au lieu de huitièmes) : la fraction est donc d'abord deux fois plus grande, puis deux fois plus petite.

18. 3e PRINCIPE. — Si les deux termes d'une fraction, numérateur et dénominateur, deviennent ensemble le même nombre de fois plus grands ou plus petits, la valeur de la fraction ne change pas.

19. *Exemple.* — Soit toujours la fraction $\frac{6}{8}$. Si l'on rend les deux termes deux fois plus grands en écrivant $\frac{12}{16}$, ou deux fois plus petits en écrivant $\frac{3}{4}$, la valeur de la fraction reste la même.

20. *Raison de ce principe.* — Dans l'exemple précédent, les deux termes de la fraction devenant d'abord deux fois plus grands, cela donne deux fois plus de parties, mais elles sont deux fois plus petites ; il y a donc compensation et la fraction reste la même. Les deux termes devenant au contraire deux fois plus petits, il y a alors deux fois moins de parties, mais elles sont deux fois plus grandes, et il y a encore compensation. La fraction garde donc encore la même valeur.

Simplification des fractions ordinaires.

21. 1re RÈGLE. — Quand les deux *termes* d'une fraction sont divisibles exactement par un même nombre, on peut simplifier la fraction en divisant les deux termes par ce nombre. On a de cette manière une nouvelle fraction égale à la première, mais composée de nombres plus simples. Quand une fraction a été simplifiée, on peut souvent la simplifier encore en divisant par un même nombre les deux termes de la nouvelle fraction.

22. *Exemples.* — 1er EXEMPLE. — Soit la fraction $\frac{4}{8}$. Elle a ses deux termes 4 et 8 divisibles exactement par 2 : car en divisant 4 par 2 le quotient est 2 et en divisant 8 par 2 le quotient est 4. On forme avec ces deux quotients 2 et 4 la fraction $\frac{2}{4}$; cette fraction est égale à $\frac{4}{8}$. On peut simplifier encore en divisant les deux termes de la fraction $\frac{2}{4}$ par 2; on a ainsi $\frac{1}{2}$.

2e EXEMPLE. — Soit à simplifier la fraction $\frac{12}{30}$. On écrira, en divisant 12 et 30 par 2, la fraction plus simple $\frac{6}{15}$, puis en divisant 6 et 15 par 3, la fraction plus simple encore $\frac{2}{5}$.

23. *Raison de la règle précédente.* — (Voy. les exemples précédents). — En changeant, par exemple, $\frac{4}{8}$ en $\frac{1}{2}$, on a 4 fois moins de parties (1 au lieu de 4), mais elles sont 4 fois plus grandes : ce sont des demis au lieu de huitièmes. Il y a donc compensation. — De même en écrivant $\frac{2}{5}$ au lieu de $\frac{12}{30}$ on a 6 fois moins de parties, mais elles sont 6 plus grandes.

24. *Remarque sur l'emploi de cette règle.* — On n'est pas obligé de simplifier les fractions. On le fait seulement lorsqu'on s'aperçoit que c'est possible, mais dans ce cas toute opération sur les fractions se termine par la simplification du résultat.

25. *Quels sont les cas les plus ordinaires où l'on peut simplifier les fractions?* — Les cas les plus ordinaires où l'on peut simplifier les fractions sont lorsque les deux termes peuvent être divisés par 2, par 5 ou par 3.

26. *Comment reconnaît-on que les termes d'une fraction peuvent être divisés par 2 ou par 5?* — 1° On reconnaît que les deux termes d'une fraction sont di-

visibles par 2 s'ils sont terminés par un chiffre pair. C'est ainsi, par exemple, que la fraction $\frac{18}{32}$ pourra être simplifiée en divisant ses deux termes par 2.

2° On reconnaît que les deux termes sont divisibles par 5 s'ils sont terminés par 5 ou par 0. La fraction $\frac{15}{20}$ pourra donc être simplifiée en divisant par 5.

27. *Comment reconnaît-on qu'un nombre est divisible par 3?*—On reconnaît qu'un nombre est divisible par 3 lorsque la somme de ses chiffres est divisible par 3.

Par exemple, pour savoir si 4617 est divisible par 3, on additionne les chiffres, 4, 6, 1, 7 ; on trouve au total 18. 18 étant divisible par 3, on en conclut que 4617 est divisible par 3. Au contraire, 4618 n'est pas divisible par 3, parce que la somme des chiffres de ce nombre est 19 et que 19 n'est pas divisible par 3. Mais 4620 sera divisible par 3 comme 4617. D'après cela la fraction $\frac{4617}{4620}$ pourra être simplifiée en divisant par 3.

Extraction des entiers.

28. Extraire les entiers d'une fraction, c'est calculer combien il y a d'entiers dans cette fraction. — L'extraction des entiers, comme la simplification, se fait à la fin de toute opération sur les fractions.

29. 2ᵉ Règle. — Pour extraire les entiers d'une fraction, on divise le numérateur par le dénominateur, on écrit le quotient, et l'on met à la suite le reste de la division en lui donnant pour dénominateur celui de la fraction.

30. *Exemples.* — 1ᵉʳ Ex. — En extrayant les entiers de la fraction $\frac{9}{4}$, on obtient 2 entiers $\frac{1}{4}$.

2ᵉ Ex. — La fraction $\frac{21}{7}$ donne 3 entiers tout juste.

31. *Raison de cette règle.* — (1er Exemple). — Il faut 4 quarts pour un entier ; par conséquent autant de fois 9 contient 4, autant il y a d'entiers. 8 quarts faisant 2 entiers tout juste, il y a donc 1 quart en plus dans 9 quarts.

Réduction d'un nombre entier ou fractionnaire en une fraction.

32. 3e Règle. — Pour réduire un nombre entier en une fraction, on le multiplie par le dénominateur de la fraction. — Pour réduire un nombre fractionnaire en une fraction, on multiplie les entiers par le dénominateur de la fraction et on ajoute au produit le numérateur.

33. *Exemples.* — 1er Ex. — Pour réduire 8 entiers en *quarts*, on multiplie 8 par 4, ce qui fait 32, et on écrit $\frac{32}{4}$.

2e Exemple. — Pour réduire 8 entiers $\frac{3}{4}$ en une fraction, on multiplie 8 par 4, ce qui fait 32, et on ajoute 3, ce qui fait 35. On a ainsi $\frac{35}{4}$.

34. *Raison de la règle précédente* — Il est évident, par exemple, puisqu'il faut 4 quarts pour un entier, qu'il en faudra 8 fois 4, ou 32, pour faire 8 entiers. Si l'on a 3 quarts en plus, comme dans le 2e exemple, on doit évidemment les ajouter aux 32 que l'on a déjà.

Réduction au même dénominateur.

35. Réduire plusieurs fractions au même dénominateur, c'est les remplacer par d'autres fractions équivalentes ayant toutes le même dénominateur.

36. 1re Règle. — Pour réduire deux fractions au même dénominateur, on obtient d'abord les numérateurs des deux nouvelles fractions en multipliant le numérateur de chacune par le dénominateur de l'autre, puis on a le dénominateur commun en multipliant entre eux les dénominateurs.

37. *Exemple.* — Réduire au même dénominateur

$$\frac{3}{4} \text{ et } \frac{5}{7}.$$

Pour avoir les nouveaux numérateurs, on multiplie 3 par 7, ce qui fait 21, et 5 par 4, ce qui fait 20, puis, pour avoir le dénominateur commun, on multiplie 4 par 7, ce qui fait 28. On écrit ainsi les résultats :

$$\frac{21}{28} \quad \frac{20}{28}.$$

38. *Raison de cette règle.* — (Voyez l'exemple.) — En comparant la nouvelle fraction $\frac{21}{28}$ à la fraction $\frac{3}{4}$ qu'elle remplace, on voit que les deux termes 21 et 28 sont sept fois plus grands que les termes correspondants 3 et 4. La fraction $\frac{3}{4}$ n'a donc pas changé de valeur. De même les deux termes de l'autre nouvelle fraction $\frac{20}{28}$ sont quatre fois plus grands que les termes correspondants de la fraction $\frac{5}{7}$ qu'elle remplace ; la fraction $\frac{5}{7}$ a donc aussi conservé la même valeur.

39. 2e Règle. — En général, pour réduire plusieurs fractions au même dénominateur, on multiplie le numérateur de chacune par le produit des dénominateurs des autres fractions, puis on a le dénominateur commun en multipliant entre eux tous les dénominateurs.

40. *Exemples.* — 1er Ex. — Réduire au même dénominateur

$$\frac{3}{4}. \quad \frac{5}{7} \quad \frac{1}{2}.$$

Pour avoir les nouveaux numérateurs, on multiplie 3 par 7 fois 2, 5 par 4 fois 2, et 1 par 4 fois 7 : les produits sont

42, 40, 28. Pour avoir ensuite le dénominateur commun, on fait le produit des trois dénominateurs 4, 7 et 2 ; ce produit est 56. On écrit ainsi les résultats :

$$\frac{42}{56}\ \frac{40}{56}\ \frac{28}{56}.$$

2ᵉ Exemple. — Réduire au même dénominateur

$$\frac{3}{4}\ \frac{5}{7}\ \frac{1}{2}\ \frac{9}{11}.$$

Pour avoir les nouveaux numérateurs, on multiplie 3 par 7, 2 et 11, 5 par 4, 2 et 11, 1 par 4, 7 et 11, 9 par 4, 7 et 2 : les produits sont 462, 440, 308, 504. On a ensuite le dénominateur commun en multipliant entre eux les quatre dénominateurs ; le produit est 616. Les quatre nouvelles fractions sont :

$$\frac{462}{616}\ \frac{440}{616}\ \frac{308}{616}\ \frac{504}{616}.$$

41. *Raison de la règle précédente* — (Voyez le 1er exemple.) Si nous considérons les termes des trois nouvelles fractions, nous voyons que les termes de la première, 42 et 56, sont 14 fois plus grands que les termes correspondants de la fraction $\frac{3}{4}$ qu'elle remplace. Cette fraction $\frac{3}{4}$ n'a donc pas changé de valeur en devenant $\frac{42}{56}$. — De même les termes de la seconde nouvelle fraction $\frac{40}{56}$ étant huit fois plus grands que les termes correspondants de la fraction $\frac{5}{7}$, cette fraction $\frac{5}{7}$ n'a pas non plus changé de valeur. — Les deux termes de la dernière fraction $\frac{28}{56}$ étant vingt-huit fois plus grands que ceux de la fraction correspondante $\frac{1}{2}$, cette fraction $\frac{1}{2}$ a donc conservé aussi la même valeur.

Addition des fractions.

42. Règle. — On réduit, s'il en est besoin, les fractions au même dénominateur, puis on additionne les numérateurs et on écrit au-dessous de la somme le dénominateur commun. On extrait ensuite les entiers du résultat et on simplifie s'il y a lieu. — S'il y avait des entiers joints aux fractions, on les ajouterait à ceux contenus dans la somme des fractions.

43. *Exemples.* — 1er Exemple.

Additionner $\frac{3}{4} + \frac{5}{7}$.

Opérations : $\frac{21}{28} + \frac{20}{28} = \frac{41}{28} = 1\,\frac{13}{28}$.

Somme : $1\,\frac{13}{28}$.

2e Exemple. $2\,\frac{3}{4} + 4\,\frac{5}{7} + \frac{1}{2}$.

Opérations : $\frac{42}{56} + \frac{40}{56} + \frac{28}{56} = \frac{110}{56} = 1\,\frac{54}{56} = 1\,\frac{27}{28}$.

$$2 + 4 + 1 = 7.$$

Somme : $8\,\frac{27}{28}$.

44. *Raison de la règle précédente.* — (1er exemple.) — Puisque la réduction au même dénominateur ne change pas la valeur des fractions, on peut additionner les fractions réduites au lieu des fractions proposées dans la question. — D'un autre côté, on n'additionne que les numérateurs, parce que seuls ils expriment les nombres des parties à additionner, le dénominateur commun ne servant qu'à indiquer l'espèce de ces parties ou leur nom. Il est évident, par exemple, que 1 *quart* et 2 *quarts* font 3 *quarts*. De même (1er ex.) 21 *vingt-huitièmes* plus 20 *vingt-huitièmes*, font 4 *vingt-huitièmes*.

Quant au second exemple, il est évident que les entiers doivent être ajoutés au résultat obtenu en additionnant les fractions.

Soustraction des fractions.

45. Règle. — On réduit, s'il y a lieu, les fractions au même dénominateur, et on retranche le numérateur de la plus petite du numérateur de la plus grande. — S'il y a des entiers, on les réduit en fractions par la 3e règle (p. 15), et on retombe ainsi dans le cas précédent. En finissant, on extrait les entiers du résultat et on simplifie s'il y a lieu.

46. *Exemples.* — 1er Exemple. $\frac{3}{4} - \frac{5}{7}$.

Opérations : $\frac{21}{28} - \frac{20}{28} = \frac{1}{28}$.

Reste : $\frac{1}{28}$.

2e Exemple. $8\frac{3}{4} - 3\frac{5}{7}$.

Opérations : $\frac{35}{4} - \frac{26}{7}$.

$$\frac{245}{28} - \frac{104}{28} = \frac{141}{28} = 5\frac{1}{28}.$$

Reste : $5\frac{1}{28}$.

3e Exemple. $8 - 3\frac{5}{7}$.

Opérations : $\frac{56}{7} - \frac{26}{7} = \frac{30}{7} = 4\frac{2}{7}$.

Reste : $4\frac{2}{7}$.

47. *Raison de la règle précédente.* — (1er Exemple.) — Les fractions étant réduites au même dénominateur, on opère sur les numérateurs seulement comme dans l'addition, parce que toujours les numérateurs seuls représentent les nombres des parties, le dénominateur commun n'indiquant que leur nom. Il est évident, par exemple, que 3 *quarts* moins 2 *quarts* font

1 *quart*. De même 21 *vingt-huitièmes* moins 20 *vingt-huitièmes* font 1 *vingt-huitième*.

Quant au deuxième et au troisième exemple, il est évident qu'on ne change rien à la valeur des nombres sur lesquels on opère en les réduisant en fractions; on ne change donc rien aux résultats.

Multiplication des fractions.

48. *Définition.* — Multiplier un nombre par une fraction, c'est prendre une ou plusieurs fois une partie de ce nombre. Par exemple, multiplier 8 par $\frac{3}{4}$ c'est prendre 3 fois le quart de 8.

Cette définition a été déjà donnée pour les fractions décimales, dans l'Arithmétique élémentaire, n° 247, p. 107.

49. 1re Règle. — *Multiplication de deux fractions.* — Pour multiplier une fraction par une fraction, on multiplie les numérateurs entre eux et les dénominateurs entre eux.

50. *Exemple.* $\frac{3}{4} \times \frac{5}{7} = \frac{3 \times 5}{4 \times 7} = \frac{15}{28}$.

51. *Raison de cette règle.* — Multiplier $\frac{3}{4}$ par $\frac{5}{7}$, c'est prendre 5 fois le septième de $\frac{3}{4}$. On a le septième de $\frac{3}{4}$ en rendant le dénominateur 4 sept fois plus grand (voy. 2e principe, p. 11), ce qui fait $\frac{3}{28}$. Ensuite on prend ce septième 5 fois, en rendant le numérateur 3 cinq fois plus grand (voy. 1er principe, p. 11), ce qui fait au produit $\frac{15}{28}$.

52. 2e Règle. — *Multiplication d'un nombre entier par une fraction ou d'une fraction par un nombre entier.* — On met 1 sous le nombre entier pour le

réduire en fraction et on retombe ainsi dans le cas de la 1re règle.

53. *Exemples.* — 1er EXEMPLE. $8 \times \frac{4}{9}$.

Opérations : $8 \times \frac{4}{9} = \frac{8}{1} \times \frac{4}{9} = \frac{32}{9} = 3\,\frac{5}{9}$.

Produit : $3\,\frac{35}{9}$.

2e EXEMPLE. $\frac{4}{9} \times 8$.

Opérations : $\frac{4}{9} \times 8 = \frac{4}{9} \times \frac{8}{1} = \frac{32}{9} = 3\,\frac{5}{9}$.

Produit : $3\,\frac{5}{9}$.

NOTA. — Il est utile de remarquer que, dans les deux exemples, les facteurs étant les mêmes dans un ordre différent, le résultat est aussi le même.

54. *Raison de cette règle.* — En donnant au nombre entier 8 le dénominateur 1, on ne change pas sa valeur. En opérant sur la fraction $\frac{8}{1}$ au lieu de 8, on aura donc un résultat exact.

55. 3e RÈGLE. — *Multiplication des entiers joints à des fractions.* — On réduit les entiers en fractions et on retombe ainsi dans le cas de la 1re règle.

56. *Exemples.* — 1er EXEMPLE. $8\,\frac{3}{4} \times 3$.

Opérations : $\frac{35}{4} \times \frac{3}{1} = \frac{105}{4} = 26\,\frac{1}{4}$.

Produit : $26\,\frac{1}{4}$.

2e EXEMPLE. $8\,\frac{3}{4} \times 3\,\frac{5}{7}$.

Opérations : $\frac{35}{4} \times \frac{26}{7} = \frac{910}{28} = 32\,\frac{14}{28} = 32\,\frac{1}{2}$.

Produit : $32\,\frac{1}{2}$.

57. *Raison de cette règle.* — On ne change rien à la valeur des nombres entiers sur lesquels on opère, en les réduisant en fractions. On ne change donc rien au résultat de l'opération.

Division des fractions.

58. 1re Règle. — *Division d'une fraction par une fraction.* — On multiplie la fraction dividende par la fraction diviseur renversée, ou, autrement, on multiplie en croix les termes des deux fractions.

59. *Exemple.* $\frac{3}{4} : \frac{5}{7}$.

Opérations : $\frac{3}{4} : \frac{5}{7} = \frac{3 \times 7}{4 \times 5} = \frac{21}{20} = 1\ \frac{1}{20}$.

Quotient : $1\ \frac{1}{20}$.

60. *Raison de cette règle.* — Si l'on avait à diviser la fraction $\frac{3}{4}$ par 5 unités, il faudrait rendre cette fraction 5 fois plus petite, en multipliant le dénominateur 4 par 5, ce qui ferait $\frac{3}{20}$. Mais ayant à diviser la fraction dividende par $\frac{5}{7}$, qui est un diviseur 7 fois plus petit, on doit avoir un quotient 7 fois plus grand. On multiplie donc le numérateur 3 par 7, ce qui fait $\frac{21}{20}$.

Nota. — Nous supposons ici sans démonstration que les mêmes principes sont applicables à la division des entiers et à la division des fractions.

61. 2e Règle. — *Division d'un nombre entier par une fraction ou d'une fraction par un nombre entier.* — On donne au nombre entier le dénominateur 1 et on retombe ainsi dans le cas de la 1re règle.

62. *Exemples.* — 1er Exemple. $8 : \frac{4}{9}$.

Opérations : $8 : \frac{4}{9} = \frac{8}{1} : \frac{4}{9} = \frac{72}{4} = 18.$

Quotient : 18.

2e EXEMPLE. $\frac{4}{9} : 8.$

Opérations : $\frac{4}{9} : 8 = \frac{4}{9} : \frac{8}{1} = \frac{4}{72} = \frac{1}{18}.$

Quotient : $\frac{1}{18}.$

63. *Raison de cette règle.* — La même que pour la 2e règle de la multiplication, ci-dessus, n° 54, p. 21.

64. 3e RÈGLE. — *Division des entiers joints à des fractions.* — On réduit les entiers en fractions et on retombe ainsi dans le cas de la 1re règle.

Exemples. — 1er EXEMPLE. $8\frac{3}{4} : 3.$

Opérations : $\frac{35}{4} : \frac{3}{1} = \frac{35}{12} = 2\frac{11}{12}.$

Quotient : $2\frac{11}{12}.$

2e EXEMPLE. $8\frac{3}{4} : 3\frac{5}{7}.$

Opérations : $\frac{35}{4} : \frac{26}{7} = \frac{245}{104} = 2\frac{37}{104}.$

Quotient : $2\frac{37}{104}.$

65. *Raison de cette règle.* — La même que pour la 3e règle de la multiplication ci-dessus, n° 57, p. 22.

Usage des fractions.

66. *Problèmes sur les fractions.* — 1er PROBLÈME. — Un rentier donne les $\frac{3}{5}$ de son revenu pour sa nourriture et son logement. Son revenu étant de 6000 fr., combien lui reste-t-il pour ses autres dépenses ?

Solution. — Pour avoir les $\frac{3}{5}$ du revenu, il faut multiplier 6000 fr. par $\frac{3}{5}$; on retranchera ensuite le résultat de 6000 fr.

Opérations : $6000 \times \frac{3}{5} = \frac{18000}{5} = 3600$ fr.

$$\begin{array}{r} 6000 \\ -\ 3600 \\ \hline 2400 \end{array}$$

Réponse. — Il restera au rentier 2400 fr. pour ses dépenses autres que sa nourriture et son logement.

2e Problème. — Un ouvrier a fait un jour le tiers d'un ouvrage, un autre jour le quart, un troisième jour le cinquième. Quelle partie de l'ouvrage a-t-il faite? Combien lui en reste-t-il à faire ?

Solution. — On additionne les trois parties $\frac{1}{3}$, $\frac{1}{4}$, $\frac{1}{5}$, puis, l'ouvrage étant représenté par 1, on en retranche la partie qui a été faite.

Opérations : $\frac{1}{3} + \frac{1}{4} + \frac{1}{5} = \frac{47}{60}$.

$$1 - \frac{47}{60} = \frac{60}{60} - \frac{47}{60} = \frac{13}{60}.$$

Réponse. — L'ouvrier a fait les $\frac{47}{60}$ de son ouvrage ; il lui en reste à faire les $\frac{13}{60}$.

Exercices sur les fractions ordinaires.

I. Simplification des fractions

(1re règle, n° 21, p. 12.)

Simplifier les fractions suivantes :

7. $\frac{8}{20}$; $\frac{25}{35}$; $\frac{75}{120}$; $\frac{40}{65}$; $\frac{125}{600}$; $\frac{24}{126}$; $\frac{70}{175}$; $\frac{42}{84}$.

8. $\frac{186}{561}$; $\frac{84}{740}$; $\frac{1272}{3189}$; $\frac{147}{249}$; $\frac{6372}{15180}$; $\frac{483}{900}$; $\frac{4700}{8100}$; $\frac{4260}{5274}$.

II. Extraction des entiers.

(2e règle, n° 29, p. 14.)

Extraire les entiers des fractions suivantes :

9. $\frac{9}{3}$; $\frac{11}{5}$; $\frac{17}{4}$; $\frac{25}{9}$; $\frac{18}{4}$; $\frac{16}{8}$; $\frac{31}{5}$; $\frac{79}{12}$.

III. Réduction des entiers en fractions.

(3e règle, n° 32, p. 15.)

10. Réduire 2 unités en *quarts* ; 5 unités en *demis* ; 8 unités en *cinquièmes*; 7 unités en *neuvièmes*.

11. Réduire les nombres fractionnaires suivants en fractions :

$8\frac{2}{3}$; $5\frac{4}{7}$; $9\frac{1}{3}$; $7\frac{1}{4}$; $8\frac{7}{9}$; $1\frac{4}{5}$; $2\frac{1}{2}$; $9\frac{2}{7}$.

IV. Réduction au même dénominateur.

1° *D'après la 1re règle*, n° 36, p. 15.

12. $\frac{3}{4}\ \frac{4}{6}$; $\frac{6}{7}\ \frac{4}{5}$; $\frac{1}{4}\ \frac{2}{9}$; $\frac{1}{3}\ \frac{1}{2}$; $\frac{3}{7}\ \frac{2}{5}$; $\frac{2}{3}\ \frac{1}{7}$.

2° *D'après la 2e règle*, n° 39 p. 6.

13. $\frac{2}{3}\ \frac{4}{5}\ \frac{7}{8}$; $\frac{1}{2}\ \frac{3}{4}\ \frac{2}{7}$; $\frac{2}{9}\ \frac{1}{4}\ \frac{3}{5}$; $\frac{2}{10}\ \frac{1}{11}\ \frac{4}{5}$.

14. $\frac{2}{3}\ \frac{1}{4}\ \frac{5}{7}\ \frac{1}{2}$; $\frac{2}{5}\ \frac{1}{2}\ \frac{4}{7}\ \frac{1}{8}$; $\frac{2}{9}\ \frac{3}{7}\ \frac{4}{5}\ \frac{1}{6}$.

V. Addition des fractions.

(Règle, n° 42, p. 18.)

1° *D'après le 1er exemple*, p. 18.

15. $\frac{3}{6}+\frac{5}{6}$; $\frac{1}{22}+\frac{15}{22}+\frac{19}{22}$; $\frac{21}{30}+\frac{4}{30}+\frac{25}{30}$; $\frac{15}{25}+\frac{24}{25}+\frac{23}{25}+\frac{18}{25}$.

16. $\frac{5}{7}+\frac{1}{3}$; $\frac{4}{5}+\frac{2}{11}$; $\frac{4}{35}+\frac{17}{23}$; $\frac{1}{11}+\frac{1}{20}$.

2° *D'après le 2e exemple*, p. 18.

17. $\frac{1}{7}+\frac{1}{4}+\frac{1}{3}$; $\frac{2}{5}+\frac{1}{3}+\frac{3}{4}$; $\frac{1}{9}+\frac{2}{11}+\frac{4}{13}$; $\frac{15}{22}+\frac{1}{2}+\frac{2}{9}$

18. $4\frac{1}{3}+5\frac{2}{3}$; $3\frac{4}{5}+1\frac{2}{5}$; $8\frac{5}{6}+\frac{4}{6}+\frac{3}{6}$; $5\frac{2}{9}+1\frac{8}{9}+\frac{7}{9}$.

19. $3\frac{1}{4}+2\frac{1}{3}$; $5\frac{4}{5}+2\frac{7}{9}$; $10\frac{7}{9}+11\frac{8}{10}+\frac{1}{4}$; $2\frac{7}{9}+1\frac{4}{5}+\frac{7}{11}$.

VI. Soustraction des fractions.

(Règle, n° 45, p. 19.)

1° *D'après le 1er exemple*, p. 19.

20. $\frac{3}{4}-\frac{1}{4}$; $\frac{7}{3}-\frac{4}{3}$; $\frac{19}{5}-\frac{11}{5}$; $\frac{22}{7}-\frac{15}{7}$.

21. $\frac{4}{7}-\frac{1}{3}$; $\frac{1}{3}-\frac{1}{4}$; $\frac{6}{11}-\frac{1}{2}$; $\frac{7}{22}-\frac{2}{17}$.

2° *D'après le 2e exemple*, p. 19.

22. $9\frac{3}{4}-2\frac{1}{4}$; $11\frac{5}{7}-2\frac{3}{7}$; $4\frac{5}{8}-\frac{3}{8}$; $1\frac{4}{9}-\frac{3}{9}$.

23. $9\frac{1}{4}-2\frac{3}{4}$; $11\frac{3}{7}-2\frac{5}{7}$; $4\frac{3}{8}-\frac{5}{8}$; $1\frac{3}{9}-\frac{4}{9}$.

24. $5\frac{1}{3}-2\frac{3}{4}$; $6\frac{7}{9}-5\frac{3}{4}$; $7\frac{1}{8}-6\frac{5}{7}$; $4\frac{5}{9}-2\frac{4}{15}$.

3° *D'après le 3e exemple*, p. 19.

25. $4-\frac{2}{3}$; $2-\frac{3}{7}$; $5-2\frac{1}{4}$; $7-5\frac{2}{3}$.

VII. Multiplication et division.

(Règles, nos 49 à 65, p. 20 à 23.)

Après avoir multiplié deux nombres entre eux, on divisera le premier par le second.

1° *D'après la* 1re *règle*, p. 20 ou 22.

26. $\frac{2}{3} \times \frac{4}{5}$; $\frac{5}{6} \times \frac{1}{3}$; $\frac{7}{9} \times \frac{6}{11}$; $\frac{3}{4} \times \frac{1}{3}$.

2° *D'après la* 2e *règle*, p. 20 ou 22.

27. $\frac{5}{7} \times 5$; $\frac{4}{11} \times 15$; $\frac{5}{9} \times 8$; $\frac{4}{9} \times 7$.

28. $8 \times \frac{7}{9}$; $2 \times \frac{1}{4}$; $5 \times \frac{2}{3}$; $11 \times \frac{4}{9}$.

3° *D'après la* 3e *règle*, p. 21 ou 23.

29. $3\frac{1}{2} \times 4$; $4\frac{2}{3} \times 3\frac{1}{4}$; $5\frac{3}{4} \times 1\frac{5}{6}$; $3 \times 2\frac{5}{7}$.

30. $3\frac{2}{5} \times 3\frac{1}{4}$; $7\frac{5}{6} \times \frac{2}{11}$; $8 \times 5\frac{5}{9}$; $4\frac{2}{5} \times 1\frac{1}{2}$.

Problèmes.

Nota. On peut commencer par résoudre sans les fractions décimales les problèmes du chapitre VIII de l'Arithmétique élémentaire, p. 130. Ensuite on fera les problèmes suivants :

31. Un ouvrier a fait le premier jour 2 m. $\frac{3}{4}$ d'ouvrage, le second jour 2 m. $\frac{2}{3}$, le troisième jour 5 m. $\frac{1}{5}$. Combien a-t-il fait en tout ?

32. Un marchand a vendu 3 m. $\frac{3}{4}$ d'étoffe sur 7 m. $\frac{1}{3}$ qu'il lui restait à vendre. Combien lui reste-t-il encore ?

33. Combien coûtent 6 m. $\frac{1}{4}$ d'étoffe à 3 fr. le mètre ?

34. Un ouvrier fait 1 m. $\frac{3}{4}$ d'ouvrage en une heure. Combien fera-t-il en 5 heures et demie ?

35. 35 m. $\frac{1}{3}$ de drap ont coûté 318 fr. Dites le prix du mètre ?

36. Un ouvrier a fait 14 m. $\frac{2}{3}$ en 11 jours. Combien en un jour ?

37. Un rentier consomme en diverses dépenses les deux tiers de son revenu qui est de 5000 fr. Quelle somme dépense-t-il ainsi ?

38. Un ouvrier a fait en un jour le $\frac{1}{9}$ d'un ouvrage ; il en en fait le jour suivant le $\frac{1}{7}$. Quelle partie de l'ouvrage a-t-il faite en tout dans les deux jours ?

39. Les $\frac{3}{4}$ d'un ouvrage coùtent 24 fr. Combien coûtera tout l'ouvrage ? (L'ouvrage entier est l'unité, *voy.* 2e probl., n° 66, p. 24.)

40. Un ouvrier a fait le premier jour les $\frac{3}{10}$ d'un ouvrage ; le jour suivant il a fait le quart de la veille. Quelle partie de l'ouvrage a-t-il faite ce second jour ?

41. Un marchand a vendu à une personne le quart d'une pièce de drap, à une autre le tiers. Combien a t-il vendu de cette pièce de drap et quelle partie lui reste-t-il à vendre ?

42. La pièce de drap de la question précédente étant de 25 mètres, combien de mètres le marchand a-t-il vendus et combien lui en reste-t-il à vendre ?

43. Un négociant emploie pour les dépenses de sa maison les $\frac{2}{3}$ de son bénéfice annuel qui est de 18000 fr., et il en donne aux pauvres le vingtième. Combien dépense-t-il, combien donne-t-il aux pauvres, et quelles sont ses économies dans une année ?

44. Une fontaine remplirait le quart d'un bassin en une heure ; une autre fontaine en remplirait seulement le cinquième. Quelle partie du bassin les deux fontaines coulant ensemble rempliront-elles en deux heures ?

CHAPITRE IV

(Chap. IX.)

Système métrique.

Numération des nombres de mètres carrés et de mètres cubes.

67. 1re RÈGLE, POUR ÉCRIRE LES NOMBRES DE MÈTRES CARRÉS OU DE MÈTRES CUBES, AVEC LEURS MULTIPLES ET LEURS SOUS-MULTIPLES. — On suit la règle générale donnée pour les nombres du système métrique, en faisant attention que les mesures carrées étant de cent en cent fois plus petites et les mesures cubiques de mille en mille fois plus petites, il faut deux chiffres pour représenter chaque unité carrée et trois chiffres pour représenter chaque unité cubique.

68. *Exemples.* — 1er Ex — 3 mètres carrés 2 décimètres carrés, s'écrit : $3^{mq},02$.

2e Ex. — 0 mètre carré 25 décimètres carrés, s'écrit : $0^{mq},25$.

3e Ex. — 20 mètres carrés 244 centimètres carrés, s'écrit : $20^{mq},0244$.

4e Ex. — 20 mètres carrés 305 millimètres carrés, s'écrit : $20^{mq},000305$.

5e Ex. — 2 kilomètres carrés 4 hectomètres carrés, s'écrit : $2^{Kmq},04$.

6e Ex.—8 kilomètres carrés 43 décamètres carrés 2 mètres carrés, le mètre carré étant pris pour unité, s'écrit : 8004302^{mq}.

7e Ex. — 56 hectomètres carrés 3 mètres carrés 45 décimètres carrés, le mètre carré étant pris pour unité, s'écrit : $560003^{mq},45$

8e Ex. — 3 mètres cubes 2 décimètres cubes, s'écrit : $3^{mc},002$.

9e Ex. — 0 mètre cube 25 décimètres cubes, s'écrit : $0^{mc},025$.

10e Ex. — 2 mètres cubes 45 centimètres cubes, s'écr $2^{mc},000045$.

11e Ex. — 24 kilomètres cubes 56 hectomètres cube crit : $24^{Kmc},056$.

12e Ex. — 2 hectomètres cubes 40 mètres cubes 170 décimètres cubes, le mètre cube étant pris pour unité, s'écrit : 2000040^{mc},170.

NOTA. — Il faut se rappeler que les dixièmes, centièmes, millièmes d'une unité carrée ou cubique s'écrivent comme les dixièmes, centièmes, millièmes d'une unité quelconque, ainsi qu'on l'a vu dans les exemples de l'Arithmétique élémentaire, n° 368, p. 146.

69. 2e RÈGLE, POUR LIRE LES NOMBRES DE MÈTRES CARRÉS ET DE MÈTRES CUBES AVEC LEURS MULTIPLES ET LEURS SOUS-MULTIPLES. — On partage les nombres, au moins par la pensée, à droite et à gauche à partir de la virgule décimale en tranches de deux chiffres chacune pour les mètres carrés et de trois chiffres pour les mètres cubes. Si des chiffres manquent à droite du nombre proposé pour que la dernière tranche soit complète, on ajoute un ou deux zéros pour la compléter. Puis on lit les différentes tranches en faisant attention que chacune représente une espèce d'unité carrée ou cubique. On peut aussi, en lisant, réunir ensemble plusieurs espèces d'unités.

70. *Exemples.* — 1er Ex. — 3^{mq},5765, se lit : 3 mètres carrés 57 décimètres carrés 65 centimètres carrés, ou bien 3 mètres carrés 5765 centimètres carrés.

2e Ex. — 0^{mq},0004, se lit : 4 centimètres carrés.

3e Ex. — 8^{mq},6 ou 8^{mq},60, se lit : 8 mètres carrés 60 décimètres carrés (un zéro étant ajouté pour compléter la dernière tranche à droite).

4e Ex. — 74623^{mq},45, se lit : 7 hectomètres carrés 46 décamètres carrés 23 mètres carrés 45 décimètres carrés, ou bien 74623 mètres carrés 45 décimètres carrés.

5e Ex. — 8000000^{mq}, se lit : 8 kilomètres carrés ou 8 millions de mètres carrés.

6e Ex. — 3^{Kmq},156, ou 3^{Kmq},1560, se lit: 3 kilomètres carrés 15 hectomètres carrés 60 décamètres carrés.

7e Ex. — 4^{mc},512, se lit : 4 mètres cubes 512 décimètres cubes.

8e Ex. — 15^{mc},425670, se lit : 15 mètres cubes 425 décimètres ubes 670 centimètres cubes, ou bien 15 mètres cubes 425670 ntimètres cubes.

^{e} Ex. — 0^{mc},000000025, se lit : 25 millimètres cubes.

^{e} Ex. — 3^{mc},8546 ou 854600, se lit : 3 mètres cubes 854 ètres cubes 600 centimètres cubes (deux zéros complé- dernière tranche à droite).

11e Ex. — 2000574^{mc},3 ou 2000574^{mc},300, se lit : 2 hectomètres cubes 574 mètres cubes 300 décimètres cubes, ou bien 2000574 mètres cubes 300 décimètres cubes.

12e Ex. — 845^{Kmc},21300041 ou 845^{Kmc},213000410, se lit : 845 kilomètres cubes 213 hectomètres cubes 410 mètres cubes ou bien 845 kilomètres cubes 213000410 mètres cubes.

NOTA. — On se rappelle que les unités carrées et cubiques peuvent se lire aussi en dixièmes, centièmes, millièmes, etc., de l'unité principale (voy. exemples de l'Arithmétique élémentaire, n° 370, p. 147). Se rappeler aussi au sujet de la numération des mètres carrés et des mètres cubes la remarque du n° 371, p. 148.

Exercices sur la numération des nombres de mètres carrés et de mètres cubes.

I. ÉCRITURE DES NOMBRES DE MÈTRES CARRÉS ET DE MÈTRES CUBES.

(1re règle, n° 67, p. 29)

On prendra pour unité principale l'espèce la plus grande nommée dans la question, à moins de désignation contraire.

1° *D'après les ex.* 1 *à* 4 *et* 8 *à* 10, p. 29.

45. 2 m. carr. 35 centim. carr.; — 8 m. carr. 2 centim. carr.; — 10 m. carr., 25 millim. carr.

46. 0 m. carr. 4 décim. carr.; — 0 m. carr. 2 millim. carr.; — 0 m. carr. 25 millim. carr.

47. 3 m. cub. 315 décim. cub.; — 15 m. cub. 25 décim. cub.; — 2 m. cub. 145 centim. cub.

48. 8 m. cub, 3 décim. cub.; — 0 m. cub. 15 centim. cub.; — 0 m. cub. 225 millim. cub.

2° *D'après les exemples* 5 *à* 7, 11 *et* 12.

49. 3 hectom. carr., 25 décam. carr. 3 m. carr.; — 0 hectom. carr. 325 m. carr.; — 2 décam. carr. 8 m. carr.

50. 2 décam. carr. 85 M. CARR. 44 décim. carr.; — 8 hectom. carr. 85 M. CARR.; — 2 décam. carr. 0 M. CARR. 85 décim. carr.

51. 2 kilom. cub. 50 hectom. cub.; — 15 hectom. cub. 150 décam. cub.; — 40 décam. cub. 8 m. cub. 45 décim. cub.

52. 20 décam. cub. 5 M. CUB. 455 décim. cub. ; — 8 décam. cub. 540 M. CUB. 4 décim. cub.;— 45 hectom. cub. 40 M. CUB. 300 décim. cub.

II. Lecture des nombres de mètres carrés et de mètres cubes.

(2e règle, no 69, p. 30.)

1° *D'après les exemples* 1, 2, *et* 7 *à* 9, p. 30.

53. $3^{mq},45$; $41^{mq},2565$; $4^{mq},010567$; $0^{mq},0945$.
54. $21^{mq},0015$; $0^{mq},000615$; $9^{mq},000005$; $0^{mq},001009$.
55. $3^{mc},415$; $2^{mc},415675$; $9^{mc},045057415$; $0^{mc},415000256$.
56. $8^{mc},000415$; $82^{mc},000004150$; $0^{mc},094005$; $0^{mc},000695$.

2° *D'après les exemples* 3 *et* 10, p. 30.

57. $4^{mq},3$; $5^{mq},041$; $16^{mq},00415$; $0^{mq},00006$.
58. $5^{mc},56$; $4^{mc},4156$; $5^{mc},0004$; $0^{mc},00005$.
59. $5^{mq},004$; $0^{mc},0049$; $0^{mq},09055$; $0^{mc},09055$.

3° *D'après les exemples* 4 *à* 6, 11 *et* 12, p. 30.

60. $4567^{mq},41$; $20045^{mq},0045$; $2945^{mq},2567$; $12000^{mq},256794$.
61. $1945^{mq},4$; $2547^{mq},045$; $94589^{mq},25679$; $10945^{mq},194$.
62. $95^{Hmq},45$; $44^{Dmq},456$; $0^{Dmq},46$; $0^{Dmq},002$.
63. $0^{Kmq},55674$; $2^{Hmq},007$; $0^{Kmq},08794$; $91090^{mq},21597$.
64. $9507^{mc},459$; $8560^{mc},604908$; $20904^{mc},79450$; $2597^{mc},0947$.
65. $19^{Hmc},045025$; $400^{Kmc},00095$; $0^{Dmc},009$; $0^{Hmc},8009$.

III. Changement d'unité dans les nombres de mètres carrés et de mètres cubes.

(Se rappeler la 3e règle, p. 148, de l'Arithmétique élémentaire).

66. Ecrire les nombres suivants en prenant le mètre carré pour unité :

$4^{Hmq},8056$; $5^{Dmq},259$; $8^{Kmq},9095$; $0^{Hmq},256$.

67. Ecrire les nombres suivants en prenant le kilomètre carré pour unité :

80000000^{mq}; $7567454^{Dmq},85$; $874^{Hmq},756$; $45^{Hmq},156$.

68. Ecrire les nombres suivants en prenant le mètre cube pour unité :

$45^{Dmc},2567$; $8^{Dmc},718$; $2^{Kmc},410025$; $0^{Hmc},415$.

69. Ecrire les nombres suivants en prenant le décimètre cube pour unité :

4150^{cmc}; $0^{mc},4171$; 32^{cmc}; $0^{mc},42$.

70. Changer les nombres suivants en nombres d'hectares, ares et centiares :

412567^{mq}; 4004^{mq}; 567400^{mq}; 80047^{mq}; $218^{mq},5$; $20045^{mq},67$; $214^{mq},05$; $10000^{mq},57$.

71. Changer les nombres suivants en nombres de mètres carrés :

$8^{ares},65$; $8^{ha},4765$; $717^{a},5$; $0^{a},564$.

72. Changer les nombres suivants en nombres de litres :

450^{dmc}; $10^{mc},250$; $15^{mc},41$; $2^{Dmc},415675$; $8^{Hmc},500$; $2^{mc},45674$.

73. Changer les nombres suivants en nombres d'hectolitres :

1620^{dmc}; $8^{mc},450$; $5^{mc},4$; $6510^{Hmc},500$.

74. Changer les nombres suivants en nombres de mètres cubes :

8500^{l}; $45^{Hl},30$; $55^{Hl},3$; $0^{Hl},48$.

CHAPITRE V

(Chap. X.)

Notions pratiques sur la mesure des lignes, des surfaces et des volumes.

Mesure du triangle.

71. *Qu'est-ce qu'un triangle?* — Un triangle est une figure de trois côtés (fig. 1).

72. *Qu'appelle-t-on base et sommet d'un triangle?* — On appelle *base* d'un triangle un des trois côtés à volonté, ordinairement le plus grand, par exemple BC dans la figure ci-contre.

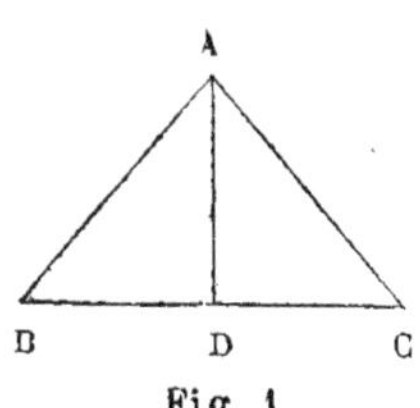

Fig. 1.

Le *sommet* d'un triangle est l'extrémité opposée à la base, par exemple le point A opposé à la base BC.

73. *Qu'est-ce que la hauteur d'un triangle?* — On

appelle *hauteur* d'un triangle la perpendiculaire abaissée du sommet sur la base, par exemple AD.

74. MESURE DU TRIANGLE. — 1re RÈGLE. — On a la mesure du triangle en multipliant la base par la moitié de la hauteur, ou, indifféremment, la hauteur par la moitié de la base.

75. *Exemple.* — Si, dans le triangle (fig. 1), la base BC est de 308m et la hauteur DA de 252m, on aura la mesure du triangle en multipliant 154, moitié de 308, par 252 ; le produit sera 38808 ; le triangle aura donc 38808 mètres carrés d'étendue, ou 3 hectares 88 ares 08 centiares.

76. *Mesure de la hauteur d'un triangle.* — Pour avoir la hauteur d'un triangle dans la mesure des champs, on emploie un instrument spécial appelé *équerre d'arpenteur*, et dont le but est d'élever ou d'abaisser des perpendiculaires. On apprend par l'usage à se servir de cet instrument.

77. *Mesure de la hauteur d'un triangle dans le cas des petites surfaces.* — Quand il s'agit de petites surfaces, par exemple de celle d'un travail de menuiserie ou de peinture, ou à la hauteur d'un triangle en prenant avec un mètre ou un décamètre à ruban la plus petite distance du sommet à la base.

Mesure d'un polygone quelconque.

78. *Qu'est-ce qu'un polygone?* — On appelle *polygone* une figure d'un nombre quelconque de côtés (fig. 2).

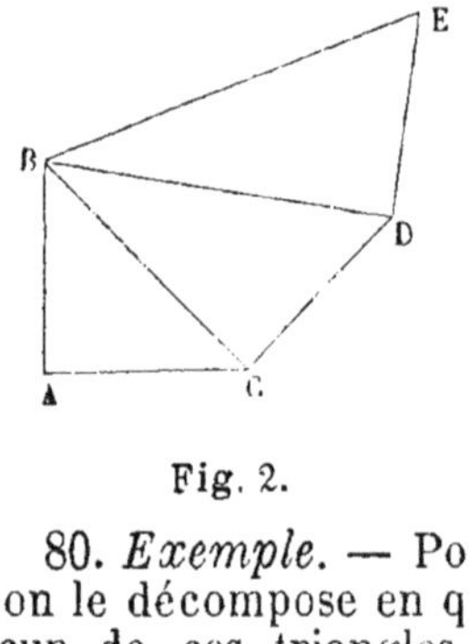

Fig. 2.

79. COMMENT SE MESURE UN POLYGONE.— 2e RÈGLE.—Pour mesurer un polygone, on le décompose en plusieurs triangles; on mesure à part chacun des triangles, et on fait la somme des mesures obtenues. Cette somme exprime la superficie de la figure entière.

80. *Exemple.* — Pour avoir la mesure du polygone (fig. 2), on le décompose en quatre triangles. On mesure à part chacun de ces triangles par la 1re règle ci-dessus. On fait la somme des quatre mesures obtenues.

Mesure du cercle.

81. *Qu'est-ce que le rayon et le diamètre d'un cercle?* — On appelle *rayon* d'un cercle la distance du centre à la circonférence : par exemple, OD (fig. 3). On appelle diamètre une ligne droite qui traverse le cercle en passant par le centre : par exemple, BC. Le diamètre est le double du rayon.

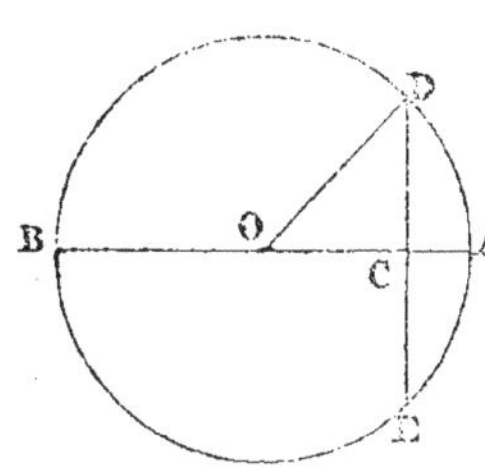

Fig. 3.

NOTA. La ligne droite DE qui joint les deux extrémités d'un arc s'appelle une *corde*.

82. CALCULER LA CIRCONFÉRENCE D'UN CERCLE, CONNAISSANT LE DIAMÈTRE OU LE RAYON. — 3e RÈGLE. — Pour avoir la circonférence d'un cercle, connaissant le diamètre, on multiplie le diamètre par 3,14 ou plus exactement par 3,1416. Si on connaît le rayon, on a la circonférence en le multipliant par 6,28, double de 3,14, ou par 6,2832.

83. *Exemple.* — PROBLÈME. — L'épaisseur d'un arbre est de 40 centimètres. Quelle est sa circonférence ?

Solution. — Je multiplie $0^{m},40$ par 3,14. Le produit est 1,2560.

Réponse. — $1^{m},25^{cm}$. (On néglige ici les millimètres. Si on avait voulu un résultat plus exact, on aurait multiplié par 3,1416.

84. CALCULER LE DIAMÈTRE OU LE RAYON D'UN CERCLE, CONNAISSANT LA CIRCONFÉRENCE. — 4e RÈGLE. — Pour avoir le diamètre d'un cercle, connaissant la circonférence, on divise la circonférence par 3,14, ou plus exactement par 3,1416. Pour avoir le rayon, on divise par 6,28 ou par 6,2832.

85. *Exemple.* — PROBLÈME. — La circonférence de la terre est de 40000 kilomètres. Quel est son diamètre ?

Solution. — Je divise 40000 par 3,14. Le quotient est 12738.

Réponse. — Le diamètre ou l'épaisseur de la terre est d'environ 12738 kilomètres (près de 3200 lieues).

86. CALCULER LA SURFACE D'UN CERCLE, CONNAISSANT LE RAYON. — 5e RÈGLE. — On multiplie le rayon par

lui-même, puis on multiplie le produit par 3,14, ou par 3,1416.

87. *Exemple.* — PROBLÈME. — Le fond d'une barrique a 62 centimètres de diamètre. Quelle est sa surface ?

Solution. — Le rayon étant de 31^{cm} (moitié du diamètre), ou de 3^{dm},1, en prenant le décimètre pour unité, ainsi qu'on fait habituellement dans le cas d'une barrique, il faut multiplier 3,1 par 3,1, ce qui donne 9,61, puis multiplier 9,61 par 3,14. Nous avons au produit 30,1754.

Réponse. — La surface du fond de la barrique est de 30 décim. carr. 17 centièmes.

88. *Remarque.* — Si c'est la circonférence qui est connue, on cherche d'abord le rayon par la 4e règle ci-dessus, puis on calcule la surface au moyen du rayon, comme tout à l'heure.

Mesure du cylindre.

89. *Donner des exemples de ce qu'on appelle cylyndre et qu'est-ce qu'on entend par la surface latérale d'un cylindre?* — Une colonne ronde, un tuyau de poêle sont des cylindres. Leur *surface latérale* est leur surface par côté, c'est-à-dire sans les cercles qui, à chaque extrémité, en sont les bases.

90. CALCULER LA SURFACE LATÉRALE D'UN CYLINDRE. — 6e RÈGLE. — On multiplie la circonférence du cylindre par la hauteur.

91. *Exemple.* — PROBLÈME. — On a fait peindre une colonne de 1^{m},50 de circonférence et de 5^{m} de hauteur. La peinture coûtant 75 centimes le mètre carré, combien doit-on au peintre ?

Solution. — Je multiplie 1^{m},50 par 5, j'ai ainsi la surface de la colonne, 7$^{m\cdot carr\cdot}$,50 que je multiplie par 0,75. Le produit est 5,6250.

Réponse. — On doit au peintre 5 fr. 62 c.

92. CALCULER LE VOLUME D'UN CYLINDRE. — 7e RÈGLE. — On multiplie la surface de la base par la hauteur du cylindre.

93. *Exemple.* — PROBLÈME. — Quelle serait la contenance d'un baril de forme exactement cylindrique, les fonds ayant chacun 62^{cm} de diamètre et la longueur intérieure du baril étant de 75^{cm} ?

Solution. — Je cherche d'abord la surface de la base d'un des fonds en décimètres carrés. Je trouve (voy. l'ex. du n° 87 ci-dessus) $30^{dmq},17$. Je multiplie ce nombre par la longueur $7^{dm},5$. Le produit est 226,275.

Réponse. — La contenance du baril serait de 226 litres 27 centilitres.

NOTA. — On a eu soin, dans le calcul, de prendre le décimètre pour unité afin d'avoir au résultat un nombre de litres. Il faut remarquer, de plus, que les barils n'étant pas des cylindres parfaits, les résultats ainsi calculés, dans la pratique, ne seraient qu'approchés plus ou moins, selon la forme de chaque baril.

Mesure d'un tonneau.

94. 8e RÈGLE. — Pour avoir la contenance d'un tonneau, on prend le diamètre du bouge, c'est-à-dire le diamètre correspondant à la bonde ; on en retranche le diamètre moyen des fonds. Le tiers de la différence se retranche lui-même du premier diamètre, et la différence obtenue est considérée comme étant le diamètre de la base d'un cylindre équivalent au tonneau. On cherche donc la surface de cette base par la 5e règle ci-dessus (p. 35), puis on la multiplie par la longueur intérieure du tonneau. — Il faut bien remarquer que si l'on a pris les mesures à l'extérieur, il y a lieu de retrancher l'épaisseur des bois.

95. *Exemple.* — PROBLÈME. — On a acheté un baril de vin. Les mesures effectuées donnent pour le diamètre du bouge 74^{cm}, puis pour le diamètre d'un des fonds 63^{cm}, et pour le diamètre de l'autre 61^{cm} ; la longueur intérieure du baril est de 75^{cm}. Quelle est la quantité de vin contenue dans le baril ?

Solution. — Le diamètre moyen des fonds est de 62^{cm} ; le diamètre du bouge étant de 74^{cm}, il faut retrancher 62 de 74, il reste 12 ; le tiers de 12 est 4 ; je retranche 4 de 74, il reste 70 ; 70 est le diamètre du cylindre équivalent au baril. Je calcule d'après la 5e règle (p. 35) la surface d'un fond circulaire de 70^{cm} de diamètre. Je trouve $38^{dmq},465$. Multipliant ce nombre par la longueur $7^{dm},5$, j'ai au produit $288^{dmc},4875$.

Réponse. — La quantité de vin est d'à peu près 288 litres (on ne tient pas compte de la fraction).

96. *Remarque.* — Cette règle suppose au tonneau

une certaine forme dont on s'écarte souvent. Elle peut ainsi donner un résultat un peu trop fort. La méthode suivante ne donne également qu'un résultat plus ou moins approché suivant la forme particulière du tonneau.

97. JAUGE OU VELTE. — Pour mesurer la capacité d'un tonneau, on fait aussi usage d'un instrument particulier en forme de règle et qu'on appelle *jauge* ou *velte*. On l'introduit dans la bonde et on l'appuie obliquement en bas d'un des fonds, en supposant la bonde au milieu de la longueur du tonneau. Des chiffres marqués sur la règle donnent immédiatement la contenance du tonneau.

Mesure de la sphère.

98. *Qu'est-ce qu'une sphère ?* — Une *sphère* est un corps dont tous les points de la surface sont également éloignés d'un point intérieur appelé centre. — Une boule exactement ronde est une sphère.

99. CALCULER LA SURFACE D'UNE SPHÈRE. — 9e RÈGLE. — Connaissant le rayon de la sphère, c'est-à-dire la distance du centre à la surface, on obtient par la 5e règle (p. 35), la surface d'un grand cercle de la sphère, puis on multiplie cette surface par 4. Le produit est la surface de la sphère.

100. *Exemple.* — PROBLÈME. — Combien faudra-t-il de papier pour faire un ballon de 3 mètres de diamètre ?

Solution. — Le rayon du ballon devant être de 1m,5, on multiplie (5e règle, p. 35) 1,5 par 1,5, puis le produit par 3,14. Le résultat est 7mq,065 ; c'est la surface d'un cercle de même rayon que le ballon. On multiplie cette surface par 4. Le produit 28mq,26 exprime la surface du ballon.

Réponse. — Il faudra 28m.carr.,26 de papier pour faire le ballon, sans compter le papier nécessaire pour les bords collés ensemble.

101. *Remarque.* — Si c'est la circonférence de la sphère qui est connue d'avance, on cherche d'abord le rayon par la 4e règle, p. 35, puis on opère comme tout à l'heure.

102. CALCULER LE VOLUME D'UNE SPHÈRE.—10e RÈGLE.

— On calcule d'abord la surface d'après la 9e règle, puis on la multiplie par le tiers du rayon.

103. *Exemple.* — PROBLÈME. — Combien le ballon dont on a calculé la surface (prob. n° 100), contiendra-t-il de litres de gaz ?

Solution. — La surface du ballon étant de 28mq,26, il faut multiplier 28,26 par le tiers du rayon du ballon. Le diamètre du ballon étant de 3 mètres, son rayon est de 1m,5, dont le tiers est 0m,5. Je multiplie donc 28,26 par 0.5. Le produit est 14,13. La capacité du ballon est donc de 14m.cub.,13, ou, en litres, de 14130l.

Réponse. — Le ballon contiendra 14130 litres de gaz.

Mesure des surfaces et des volumes irréguliers

104. Si l'on a à calculer la surface ou le volume d'une figure irrégulière approchant d'une de celles dont nous nous sommes occupés, on pourra la considérer comme étant régulière, en augmentant ou diminuant convenablement les dimensions de manière à compenser à peu près l'irrégularité de la forme. C'est ainsi qu'une figure quelconque de quatre côtés pourra se ramener assez facilement au rectangle en retranchant d'un côté pour ajouter de l'autre (fig. 4). De même, une cuve un peu évasée de bas en haut pourra être regardée comme ayant la forme cylindrique en augmentant un peu le diamètre du fond et diminuant en proportion celui de la partie supérieure. S'il s'agit d'un tas de pierres, on pourra imaginer aussi un tas de forme régulière et équivalent à celui qu'on veut mesurer.

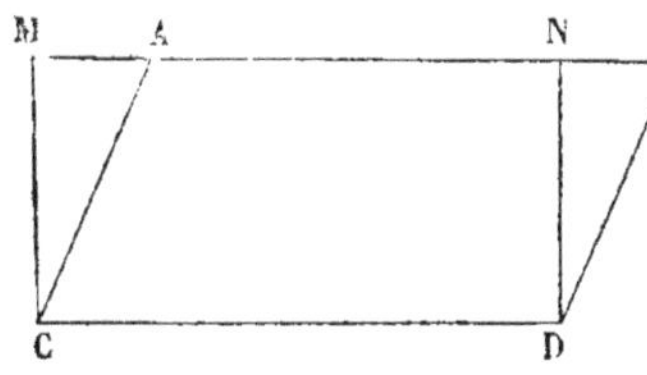

Fig. 4.

Problèmes.

1° *Mesure du triangle et du polygone.*

(1re et 2e règles, p. 34.)

75. Un triangle a 60 m. de base et 24 m. de hauteur. Quelle est sa superficie ? (Voy. 1re règle, p. 34.)

76. Superficie d'un triangle de 25 m. 8 de base et de 6 m. de hauteur?

77. Superficie d'un triangle de 560 m. de base et de 181 m. de hauteur ?

78. Un champ de quatre côtés est décomposé en deux triangles offrant les dimensions suivantes : le premier 80 m. de base et 50 m. 4 de hauteur ; le second, même base que le premier et 75 m. de hauteur. Quelle est sa superficie? (Voy. 2e règle, p. 34.)

79. Un polygone est décomposé en trois triangles offrant les dimensions suivantes : 150 m. de base et 78 m. de hauteur ; 150 m. de base et 36 m. de hauteur ; 90 m. de base et 40 m. de hauteur. Quelle est sa superficie?

2° *Mesure du cercle.*

(3e, 4e et 5e règles, p. 35.)

80. Quelle est la circonférence d'un cercle de 50 m. de rayon ? (Voy. 3e règle, p. 35.)

81. Quelle est la circonférence d'un cercle de 8 m. 5 de diamètre ?

82. Diamètre de deux cercles dont l'un a 480 m. et l'autre 675 m. 6 de circonférence ? (Voy. 4e règle, p. 35.)

83. Le rayon des deux mêmes cercles.

84. La surface des deux cercles des exercices 80 et 81 ? (Voy. 5e règle, p. 35.)

85. La surface des deux cercles de l'exercice 82 ? (Voy. n° 88, p. 36).

86. La surface d'un demi-cercle reposant sur un diamètre de 4 m. 2 ?

3° *Mesure du cylindre et mesure d'un tonneau.*

(6e, 7e et 8e règles, p. 36 et 37.)

87. Surface latérale d'une colonne ronde de 80 centim. de circonférence et de 9 m. de hauteur ? (Voy. 6e règle, p. 36.)

88. Surface latérale d'une autre colonne de 30 centim. de diamètre et de 5 m. de hauteur?

89. En suivant avec un cordeau l'arc d'une voûte, on lui trouve un développement de 12 m. La longueur de la voûte étant de 25 m., quelle est sa surface?

90. Volume d'une colonne de fonte de 2 décim. de diamètre et de 8 m. de hauteur ? (Voy. 7e règle, p. 36.)

90 *bis*. Volume d'une pièce de bois ronde de 1 m. 2 de circonférence et de 11 m. de longueur?

91. On a trouvé pour un tonneau les dimensions suivantes, diminuées de l'épaisseur des bois : diamètre du bouge 80cm, diamètre des fonds 66cm, longueur 95cm. Quelle est la contenance du tonneau ? (Voy. 8e règle, p. 37). Quelle serait la contenance du tonneau si le diamètre du bouge était le même que celui des fonds (Voy. ex. du n° 93, p. 36).

91 *bis*. Un tonneau a donné les mesures suivantes : diamètre du bouge 61cm,5, diamètres des fonds 55cm et 55cm,8, longueur 70cm,5. Quelle est la contenance du tonneau ?

4° *Mesure de la sphère.*

(9e et 10e règles, p. 38.)

92. Surface d'une boule ou sphère de 5 m. de rayon ? (Voy. 9e règle, p. 38.)

93. Surface d'une sphère de 8 m. de diamètre ?

94. Surface d'une sphère de 80 m. de circonférence? (Voy. la remarque, n° 101, p. 38).

95. Volume de la sphère de l'exercice 92 ? (Voy. 10e règle, p. 38.)

96. Volume de la sphère de l'exercice 93 ?

97. Volume de la sphère de l'exercice 94 ?

5° *Problèmes divers.*

98. Un travail de menuiserie de forme triangulaire est estimé 6 fr. le mètre carré. Combien devra-t-on au menuisier pour ce travail, le triangle ayant 3 m. de base et 1 m. 4 de hauteur ?

99. Un travail de menuiserie est un polygone qui se décompose en deux triangles dont l'un a 2 m. 5 de base sur 1 m. 6 de hauteur, et l'autre 1 m. 8 de base sur 1 m. 4 de hauteur. Combien devra-t-on au menuisier pour ce travail à raison de 8 fr. le mètre carré ?

100. Un champ de forme triangulaire a 235 m. 5 de base sur 180 m. de hauteur. Dites la superficie du champ en hectares, ares et centiares.

101. Un autre champ est un triangle de 410 m. de base sur 90 m. 5 de hauteur. Quelle est sa superficie ?

102. Un champ de quatre côtés se compose de deux triangles dont l'un a 236 m. de base sur 186 m. de hauteur, et l'autre 236 m. aussi de base sur 75 m. de hauteur. Dites la superficie du champ ?

103. Un champ de cinq côtés se compose de trois triangles dont les bases et les hauteurs sont : pour le premier, 56 m.

et 80 m.; pour le second 144 m. et 73 m.; pour le troisième, 320 m. et 82 m. Quelle est la superficie du champ ?

104. La circonférence d'un arbre est de 1 m. 2. Quel est son diamètre ?

105. La terre est une boule dont la circonférence est de 40000000 de mètres. Quelle est la distance de la surface au centre ?

106. Combien doit-on à un peintre pour avoir peint dans une salle 4 colonnes rondes, ces colonnes ayant chacune 90 centim. de circonférence et 4 m. 50 de hauteur ?

107. Le rayon de la terre étant de 6366 kilomètres, quelle est sa surface en kilomètres carrés ? quelle est sa surface en hectares ?

108. Combien faudrait-il de mètres carrés de papier pour faire un ballon de 10 mètres de diamètre ?

109. Combien faudrait-il de litres de gaz pour gonfler ce ballon ?

110. Sachant que le rayon de la terre est de 6366 kilomètres, calculer son volume en kilomètres cubes. Exprimer ce même volume en mètres cubes.

CHAPITRE VI

(Chap. XI.)

Nombres complexes.

Réduction d'un nombre fractionnaire ou décimal en nombre complexe.

105. 1re Règle.—Pour réduire un nombre fractionnaire en nombre complexe, on multiplie le numérateur de la fraction par le nombre d'unités d'espèce inférieure contenues dans l'unité principale, et on divise le produit par le dénominateur. Le quotient s'écrit à la suite du nombre entier, à la place de la fraction.

106. *Exemple.* — Réduire 2 heures 3/4 en un nombre d'heures et de minutes.

Opération.	*Explication.* — Je multiplie le numérateur 3 par 60, parce qu'il y a 60 minutes dans une heure.
60 × 3 = 180 ; 180 | 4 = 45	*Réponse.* — 2 heures 45 minutes.
	Vérification.—On sait qu'un quart d'heure est de 15 minutes; 3 quarts d'heure doivent donc faire 3 fois 15 minutes ou 45 minutes.

NOTA. — Dans cet exemple, le calcul aurait été plus rapide en divisant 60 par 4 et en multipliant le produit par 3.

107. 2e RÈGLE. — Pour réduire un nombre décimal en nombre complexe, on multiplie le nombre d'unités d'espèce inférieure contenues dans l'unité principale par la partie décimale du nombre proposé. Le produit s'écrit à la suite de la partie entière du nombre proposé.

108. *Exemples.* — 1er EXEMPLE. — Réduire 3j,66 en un nombre de jours et heures.

Opération.	*Explication.* — Je multiplie 24 par 0,66, parce qu'il y a 24 heures dans un jour.
24 × 0,66 : 144 ; 144 ; = 15,84	*Réponse.* — 3 jours 15 heures ou près de 3 jours 16 heures.
	Remarque. — Si on voulait réduire les 0,84 d'heure en minutes, on multiplierait 60 par 0,84 ; on trouverait au produit 50. La réponse devient alors 3 jours 15 heures 50 minutes.

2e EXEMPLE. — Réduire 44°,6 en un nombre de degrés et minutes.

Opération.	*Explication.* — Je multiplie 60 par 0,6, parce qu'il y a 60 minutes dans un degré.
60 × 0,6 = 36,0	*Réponse.* — 44° 36′.

Exercices.

1° *Réduction d'un nombre fractionnaire ou décimal en nombre complexe.*

(1re et 2e règles, p. 42 et 43.)

111. Réduire en nombre de jours et heures :

$4j\frac{2}{3}$; $8j\frac{1}{2}$; $\frac{5}{6}$ de jour; 7j,4; 8j,25; 0j,035.

112. Réduire en nombres d'heures et minutes :

$$5^h \frac{3}{5};\quad 0^h \frac{7}{8};\quad 9^h \frac{4}{7};\quad 4^h,8;\quad 8^h,52;\quad 0^h,75.$$

113. Réduire en nombres de degrés et minutes :

$$5^o \frac{3}{4};\quad 18^o \frac{3}{7};\quad 0^o \frac{4}{5};\quad 50^o,25;\quad 32^o,50;\quad 0^o,8.$$

2° *Exercices complémentaires sur le calcul des nombres complexes.*

(Arithmétique, nos 408 à 417, p. 168 à 171.)

114. Additions et soustractions :

$$25^o44' + 13^o20';\quad 50^o25' - 8^o30';\quad 7^o52' + 44';\quad 8^o - 32'.$$

115. Multiplications et divisions :

$$4^o\,5' \times 3;\quad 6^o\,45' \times 7{,}5;\quad \frac{15^o\,40'}{5};\quad \frac{8^o\,50}{7}.$$

CHAPITRE VII

Règle de trois. — Règle de trois simple.

109. *Qu'est-ce que la règle de trois?* — On appelle *règle de trois* une opération par laquelle, au moyen de trois nombres connus, on en cherche un quatrième qui dépend des trois premiers en vertu d'une proportion comme dans les exemples suivants :

1er Exemple. — Trois ouvriers ont fait 24 mètres d'ouvrage : combien 6 ouvriers feront-ils d'ouvrage dans le même temps ?

Réponse. — 48 mètres, parce que les ouvriers étant *deux fois plus* nombreux, doivent faire *deux fois plus* d'ouvrage.

2e Exemple. — 3 ouvriers ont fait un ouvrage en 30 jours : combien de temps 6 ouvriers mettront-ils à faire le même ouvrage ?

Réponse. — 15 jours, parce que les ouvriers étant *deux fois plus* nombreux, doivent mettre *deux fois moins* de temps à faire le même ouvrage.

110. *Qu'est-ce qu'une proportion ?*—Une proportion est l'égalité de deux quotients. On dit aussi qu'une proportion est l'égalité de deux rapports, les mots quotient et rapport ayant le même sens.

Exemple. — En reprenant les nombres du 1er exemple précédent, on voit que les deux nombres de mètres 48 et 24 sont l'un par rapport à l'autre comme les deux nombres d'ouvriers 6 et 3, c'est-à-dire que le premier des quatre nombres est le double du second comme le troisième est le double du quatrième. Ces quatre nombres sont donc dits en proportion, et c'est ce qu'on écrit de la manière suivante :

$$\frac{48}{24} = \frac{6}{3}.$$

Cette proportion se lit : 48 *est à* 24 *comme* 6 *est à* 3, ou bien simplement, comme à l'ordinaire : 48 *divisé par* 24 *égale* 6 *divisé par* 3.

111. *Quelle condition doivent remplir les deux espèces de quantités qui entrent dans une règle de trois ?* — Ces quantités doivent être directement ou inversement proportionnelles, c'est-à-dire, comme on l'a expliqué (Arithmétique, nos 470 et 471, p. 195), que si l'une des quantités devient un certain nombre de fois plus grande, l'autre deviendra le même nombre de fois plus grande ou plus petite. C'est ainsi que, dans le 1er exemple ci-dessus, les ouvriers et les ouvrages sont des quantités directement proportionnelles, car *plus* il y a d'ouvriers, *plus* il se fait d'ouvrage ; dans le 2e exemple, au contraire, les ouvriers et les temps employés à exécuter l'ouvrage sont des quantités inversement proportionnelles, car *plus* il y a d'ouvriers, *moins* il faut de temps pour faire l'ouvrage.

112. *N'y a-t-il pas deux parties dans l'énoncé d'un problème de règle de trois?* — Oui, il y a la *supposition* et la *question*. Ainsi, dans notre 1er exemple, on *suppose* que trois ouvriers ont fait 24 mètres d'ouvrage, et on *demande* combien, d'après cela, 6 ouvriers feront d'ouvrage.

113. *Qu'est-ce que l'inconnue dans une règle de trois?* — On appelle *inconnue*, en sous-entendant le mot quantité, le nombre qui répond à la question proposée.

114. *N'y a-t-il toujours que trois nombres connus dans l'énoncé d'une règle de trois?* — Non, il peut y avoir plus de trois nombres connus, et alors l'énoncé renferme plusieurs règles de trois, à moins que les nombres connus au delà de trois ne soient, comme il arrive dans d'autres problèmes, des nombres inutiles à la question.

115. *Qu'est-ce qu'une règle de trois simple et une règle de trois composée?* — Une *règle de trois simple* est celle qui se fait au moyen de trois nombres seulement. Une *règle de trois composée* se compose de plusieurs règles de trois simples, ainsi qu'on le verra par les exemples.

116. *N'y a-t-il pas plusieurs méthodes pour la règle de trois?* — Oui, mais la méthode de *réduction à l'unité* est la plus facile, et c'est celle qu'on enseigne maintenant de préférence dans tous les traités d'arithmétique.

117. Règle de trois simple par la méthode de réduction a l'unité. — 1re Règle. — Pour faire une règle de trois simple, on écrit sur deux colonnes les nombres de la supposition et de la question, en mettant les nombres de même espèce les uns sous les autres et en représentant l'inconnue par x. On prend, dans la supposition, le nombre connu de même espèce que l'inconnue (c'est, parmi les nombres connus, le nombre seul de son espèce), on l'écrit; puis on cherche ce qu'il deviendrait si le nombre de l'autre espèce dans la supposition était remplacé par 1. On a ainsi un premier résultat. On cherche maintenant ce que deviendrait ce résultat, si 1 était remplacé par le nombre connu de la question. On a un second résultat : c'est la réponse demandée. On a soin d'adopter dans le calcul la même unité pour les deux nombres connus de même espèce. — Au lieu de faire immédiatement les opérations, il est mieux de les indiquer d'abord

sous forme de fraction, et d'opérer ensuite en commençant toujours par la multiplication. De cette manière, la division ne devant être suivie d'aucune autre opération, on voit clairement où on doit l'arrêter quand elle ne se fait pas sans reste.

118. *Cas particulier.* — Dans le cas où les nombres connus de même espèce sont des fractions, des nombres complexes ou des nombres entiers de différente unité, on a soin d'adopter pour ces nombres la même unité, en réduisant, s'il y a lieu, les fractions ordinaires au même dénominateur ; puis, on raisonne comme il vient d'être dit sur ces nombres comme si c'étaient des nombres entiers, en supprimant par la pensée les virgules décimales et les dénominateurs. On assigne ainsi à chacun de ces nombres la place qu'il doit tenir dans le calcul. Ceci étant fait, on opère en les prenant tels qu'ils sont dans l'énoncé du problème, ou changés au besoin en des nombres de même unité.

119. *Remarque I.* — Les nombres de même espèce sont toujours à des places contraires dans la fraction qui représente les opérations à faire. Après avoir trouvé la place d'un nombre de la supposition, au numérateur, par exemple, on pourra donc immédiatement écrire l'autre nombre à la place contraire, au dénominateur, et *vice versâ*.

120. *Remarque II.* — Pour la facilité du raisonnement, on peut négliger les fractions qui accompagnent les entiers, sauf pourtant à les écrire dans le calcul.

121. *Remarque III.* On peut même raisonner sur des nombres entiers quelconques de même espèce que ceux de l'énoncé du problème, et donner dans le calcul aux nombres de l'énoncé la place et le rôle qui conviendraient à ces nombres entiers.

122. Méthode abrégée de réduction a l'unité pour la règle de trois simple. — 2e Règle. — On écrit le nombre connu seul de son espèce. Puis, comparant les deux autres nombres entre eux, on voit si le résultat

demandé devra être plus grand ou plus petit que le nombre connu écrit d'abord. S'il doit être *plus grand*, on multiplie *par le plus grand* des deux nombres et on divise par l'autre ; s'il doit être *plus petit*, on multiplie *par le plus petit*, et on divise par l'autre. On a soin d'adopter dans le calcul la même unité pour les deux nombres connus de même espèce.

NOTA. — Cette méthode n'est autre, au fond, que la méthode de réduction à l'unité, dans laquelle les deux parties du raisonnement sont unies et confondues; mais dans la pratique elle diffère beaucoup de la méthode ordinaire. — Les élèves s'en tiendront à celle que le Maître leur aura indiquée.

123. *Cas particulier.* — Si l'énoncé du problème comprend des fractions ordinaires difficiles à comparer entre elles sans les réduire au même dénominateur, on pourra les y réduire, mais on pourra aussi se borner à raisonner sur les numérateurs de ces fractions ou sur d'autres nombres quelconques, et attribuer aux fractions, dans le calcul, le même rôle qu'aux nombres entiers mis à leur place.

124. *Exemples.* — 1er EXEMPLE. — *Problème* (ci-dessus, p. 44). Trois ouvriers ont fait 24 mètres d'ouvrage. Combien 6 ouvriers feront-ils d'ouvrage dans le même temps ?

Supposition.	3 ouv.	24 m.
Question.	6	x
Opération.	24 | 3 — 8 × 6 — 48	

Réponse. — 48 mètres d'ouvrage.

Explication (1re règle). — J'écris d'abord 24 parce que je cherche un nombre de mètres d'ouvrage et que 24 est le nombre connu de mètres. Puis je fais la question en supposant 1 ouvrier au lieu de 3 : Combien un ouvrier ferait-il d'ouvrage ? 3 fois *moins* ; je divise donc 24 par 3. Le quotient est 8. Maintenant je fais la question même du problème : Combien 6 ouvriers au lieu d'un feront-ils d'ouvrage ? 6 fois *plus* ; il faut donc multiplier 8 par 6. Le produit est 48.

Si l'on veut indiquer d'abord les opérations, au lieu de diviser 24 par 3 on écrit $\frac{24}{3}$ qu'on multiplie par 6 en écrivant

$$\frac{24 \times 6}{3}$$

On effectue ensuite les opérations indiquées par cette fraction en commençant par la multiplication.

$$\begin{array}{r|l} 24 & \\ \times\ 6 & \\ \hline 144 & 3 \\ 24 & \overline{48} \\ 0 & \end{array}$$

On trouve 48. C'est la réponse déjà obtenue.

Explication (2e règle). — J'écris d'abord 24, parce que je cherche un nombre de mètres d'ouvrage et que 24 est le nombre connu de mètres. Puis je fais cette question : Combien 6 ouvriers au lieu de 3 feront-ils d'ouvrage ? Ils en feront *plus*. Je multiplie donc par le nombre le plus grand 6 et je divise par l'autre nombre.

2e EXEMPLE. — *Problème* (ci-dessus, p. 44). — 3 ouvriers ont fait un ouvrage en 30 jours. Combien de temps 6 ouvriers mettront-ils à faire le même ouvrage ?

Supposition.	3 ouv.	30 j.
Question.	6	x
Opération.	30 × 3 = 90	90 : 6 = 15

Réponse. — 15 jours.

Explication. (1re règle) L'inconnue étant un nombre de jours, je pose d'abord 30. Combien de temps 1 ouvrier, au lieu de 3, mettrait-il à faire l'ouvrage ? 3 fois plus de temps; il faut donc multiplier 30 par 3. Le produit est 90. Maintenant combien 6 ouvriers au lieu de 1 mettront-ils à faire l'ouvrage ? 6 fois moins. Je divise donc par 6.

En indiquant d'abord les opérations on poserait

$$\frac{30 \times 3}{6}$$

Le calcul serait le même que tout à l'heure.

Explication (2e règle). — Je pose 30. Combien 6 ouvriers au lieu de 3 mettront-ils de temps pour faire l'ouvrage ? *Moins* de temps. Je multiplie donc par le nombre le *plus petit* 3, et je divise par l'autre nombre.

3e EXEMPLE. — *Problème*. — 3 m. 50 cent. d'étoffe de 85 cm. de largeur ont coûté 50 fr. 60. Combien coûteront 8 m. de plus de la même étoffe ?

Supposition.	3 m. 50	50 fr. 60	50,6
Question.	11 50	x	11,5

Opération.

$$\frac{50,60 \times 11,50}{3,50} = 166,25$$

```
 50,6
 11,5
 ----
 2530
 506
506
-----
581,90 | 3,50
       |------
       | 166,25
```

Réponse. — 166 fr. 25 c.

Explication (1re règle). — La largeur de l'étoffe étant la même dans la supposition et dans la question, le nombre 85 n'entrera pas dans le calcul. Je pose d'abord 50,60. J'additionne 3 m. 50 et 8 m. pour avoir le véritable nombre de la question ; j'ai au total 11 m. 50. Puis je dis : Combien coûtera un mètre au lieu de 3 m. 50 c.? Environ 3 fois moins (voy. 2e remarque, p. 47). Je divise donc par 3.50. Combien coûteront 11 m. 50 c. au lieu d'un mètre? 11 fois plus. Je multiplie donc par 11,50. Conformément à la règle, j'indique d'abord les opérations à faire et je calcule ensuite en multipliant 50,60 par 11,50 puis divisant le produit par 3,50. Le quotient est 166,25.

Explication (2e règle). — La largeur de l'étoffe étant la même dans la supposition et dans la question, le nombre 85 n'entrera pas dans le calcul. Je pose 50,60. J'additionne 3 m. 50 c. et 8 m. pour avoir le véritable nombre de la question ; j'ai au total 11 m. 50 c. Puis je dis : Combien coûteront 11 m. 50 c. d'étoffe, au lieu de 3 m. 50 c.? Ils coûteront *plus*. Je multiplie donc par le nombre le *plus grand*, 11,50, et je divise par l'autre nombre. Le quotient est 166,25.

4e EXEMPLE. — *Problème.* — 3 m. d'étoffe ont coûté 42 fr. Combien coûteront 50 centimètres?

Supposition.	3 m.	42 fr.
Question.	0,50	x

Opération.

$$\frac{42 \times 0,50}{3} \text{ ou } \frac{42 \times 50}{300} = 7.$$

Réponse. — 7 francs.

Explication (1re règle). — J'ai soin d'adopter la même unité pour les quantités de même espèce (voy. cas particulier, n° 118, p. 47). C'est pourquoi j'écrirai dans le calcul 0,50 et non 50, le mètre étant adopté pour unité ; ou bien, si je veux écrire 50 centimètres en nombre entier, j'écrirai en même temps 300 centimetres au lieu de 3 mètres.

Après avoir posé d'abord 42, je raisonne comme dans les exemples précédents, en disant : Un mètre coûtera 3 fois moins que 3 mètres ; je divise donc par 3 ; 0 m. 50 coûtera les 50 centièmes du prix d'un mètre, je multiplie donc par

0,50. — Si le centimètre est l'unité, je dirai : 1 centimètre coûtera 300 fois moins que 300 centim., je divise donc par 300; 50 centim. coûteront 50 fois plus qu'un centimètre ; je multiplie donc par 50.

Explication (2e règle). — Je pose 12. Combien coûteront 50 centim. au lieu de 3 mètres? Ils coûteront *moins*. Je multiplie donc par le nombre le *plus petit*, 0.50, et je divise par l'autre nombre 3.

5e EXEMPLE. — *Problème.* — Il faudrait, pour faire une tenture, 150 mètres de toile de 95 centim. de large. Combien en faudrait-il d'une autre toile de 855 millim. de large ?

Supposition.	150 m.	0 m. 95	
Question.	x	0 855	

Réponse.—166 m. 66 cm.

Opération.

$$\frac{150 \times 950}{855} \text{ ou } \frac{150 \times 0,95}{0,855} = 166,66.$$

Explication (1re règle). — Je pose 150. Après avoir mis par la pensée 0,950 au lieu de 0,95 à cause des trois chiffres décimaux du nombre de même espèce 0,855, je supprime les virgules, et je dis : Une pièce d'étoffe de 1 millimètre de large au lieu de 855 coûterait 855 fois moins ; il faut donc diviser par 855. Si la pièce d'étoffe a 950 millimètres de large au lieu de 1 millim., elle coûtera 950 fois plus. Je multiplie donc par 950.

Au lieu des nombres entiers 950 et 855 dans l'opération, je puis aussi bien mettre les nombres mêmes de l'énoncé du problème, 0,95 et 0,855, aussitôt que le raisonnement précédent a fait reconnaître l'usage qu'il en faut faire dans le calcul.

Explication (2e règle). — Je pose 150. Combien faudra-t-il de toile de 855 millim. de large au lieu de 95 centim.? La toile étant moins large, il en faudra *plus* de mètres. Je multiplie donc par le nombre le *plus grand*, 0,95, et je divise par l'autre nombre 0.855.

6e EXEMPLE. — *Problème.* — 8 ouvriers ont fait 25 m. d'ouvrage en 2 jours 3/4. Combien faudra-t-il d'ouvriers pour faire le même ouvrage en une demi-journée ?

Supposition.	8 ouv.	2 j. 3/4
Question.	x	1/2

Réponse. — 44 ouvriers.

Opération.

$$\frac{8 \times 11}{2} = 44$$

$$\text{ou } \frac{8 \times 2\frac{3}{4}}{\frac{1}{2}} = \frac{8 \times 2,75}{0,5} = 44.$$

Explication (1re règle). — Je pose 8. L'ouvrage étant le même dans la supposition et dans la question, le nombre 25 n'entrera pas dans le calcul. Pour faciliter le raisonnement, je prends pour unité le quart de journée (voy. dernière partie de la règle); 2 journées 3/4 font alors 11 quarts, et une demi-journée fait 2 quarts. Je dis : Pour faire l'ouvrage en 1 quart de journée au lieu de 11 quarts, il faudrait 11 fois plus d'ouvriers ; je multiplie donc par 11. Pour faire l'ouvrage en 2 quarts de journée au lieu de 1 quart, il faudra 2 fois moins d'ouvriers; je divise par 2.

Au lieu de multiplier par 11 et de diviser par 2, on peut aussi bien multiplier et diviser par les nombres de l'énoncé 2 3/4 et 1/2, ou par ces nombres changés en nombres décimaux.

NOTA. — En vertu du raisonnement que prescrit la règle, deux autres nombres de même espèce que 11 et 2, et pris au hasard, auraient la même place et le même rôle dans l'opération ci-dessus, soit comme multiplicateur, soit comme diviseur. On pourrait donc raisonner, ainsi qu'il est dit dans la 3e remarque (p. 47), sur des nombres quelconques pour fixer l'emploi qu'il faut faire des nombres du problème. Les nombres 3 et 20, par exemple, mis à la place de 11 et 2 dans le raisonnement, prendraient dans l'opération la place des deux mêmes nombres et dans le même ordre. C'est ce qu'il est facile de vérifier.

Explication (2e règle). — L'ouvrage étant le même dans la supposition et dans la question, le nombre 25 n'entrera pas dans le calcul. Je pose 8. Combien faudra-t-il d'ouvriers pour faire l'ouvrage en une demi-journée au lieu de 2 jours 3/4? Le temps étant moindre, il faudra évidemment *plus* d'ouvriers. Je multiplie donc par le nombre le *plus grand* 2 3/4 et je divise par l'autre nombre.

Opération.

$$\frac{8 \times 2\frac{3}{4}}{\frac{1}{2}} = \frac{8 \times 2,75}{0,5} = 44$$

7e EXEMPLE. — *Problème.* — Une lampe a dépensé 16 grammes d'huiles en 42 minutes. Combien dépensera-t-elle en 4 heures 13 minutes?

Supposition.	16 gr.	42 min.
Question.	x	4 h. 13 m.

Réponse. — 96 gr. 38 centig.

Opération.

$$\frac{16 \times 253}{42} = 96 \text{ gr. } 38$$

Explication (1re règle). — Je change 4 h. 13 m. en un seul nombre de minutes, soit 253 minutes (cas particulier, no 118), puis je raisonne comme à l'ordinaire.

Explication (2ᵉ règle). — Je pose 16. Combien la lampe dépensera-t-elle en 4 heures 13 minutes au lieu de 42 minutes? Elle dépensera *plus*. Je multiplie donc par le nombre le *plus grand*, 4 h. 13 m., et je divise par l'autre nombre. Pour faciliter le calcul, je remplace 4 h. 13 m. par 253 minutes. Je puis aussi traiter les minutes comme des soixantièmes d'heure.

Opération.

$$\frac{16 \times 4\frac{13}{60}}{\frac{42}{60}} \text{ ou } \frac{16 \times 253}{42} = 96{,}38.$$

8ᵉ EXEMPLE.—*Problème.* – Une fontaine coulant 8 heures par jour remplit les 3/4 d'un réservoir. Combien d'heures par jour devra-t-elle couler pour en remplir les 5/7?

Supposition.	8 h.	3/4
Question.	x	5/7

Opération.

$$\frac{8 \times 20}{21} = 7\ \frac{13}{21}$$

ou bien

$$\frac{8 \times \frac{5}{7}}{\frac{3}{4}} = \frac{40}{7} : \frac{3}{4} = 7\ \frac{13}{21}$$

Réponse. — 7 heures $\frac{13}{21}$ ou environ 7 heures 37 minutes.

Explication (1ʳᵉ règle, cas particulier, nº 118).— Je pose 8. Puis, les fractions $\frac{3}{4}$ et $\frac{5}{7}$ étant réduites au même dénominateur et changées en $\frac{21}{28}$ et $\frac{20}{28}$, je raisonne sur les numérateurs seuls 21 et 20 en disant : Combien d'heures pour remplir 1 partie du réservoir au lieu de 21? 21 fois moins ; je divise donc par 21. Combien d'heures pour remplir 20 parties au lieu d'une? 20 fois plus ; je multiplie par 20. (Voyez la 1ʳᵉ opération ci-contre).

Autre explication (1ʳᵉ règle, 3ᵉ remarque, p. 47). — Je puis, sans réduire au même dénominateur, raisonner simplement sur les numérateurs 3 et 5 comme sur 21 et 20, et donner, dans l'opération, aux deux fractions de l'énoncé du problème, la même place qu'aux nombres 3 et 5 ou qu'aux nombres 21 et 20, ainsi qu'on le voit dans la seconde opération.

Explication (2ᵉ règle, cas particulier, nº 123, p. 48). — Ne voyant pas immédiatement laquelle des deux fractions est la plus grande, je les réduis au même dénominateur et les change ainsi en $\frac{21}{28}$ et $\frac{20}{28}$, puis je raisonne sur les numérateurs seuls 21 et 20, comme il est dit dans la première explication ci-dessus. J'ai ainsi la première opération.

Autre explication (2e règle, no 123, p. 48). — Je pose 8. Combien d'heures par jour pour remplir 5 parties au lieu de 3? *Plus* d'heures. Je multiplie donc par le nombre le *plus grand* 5, ou plutôt par $\frac{5}{7}$ (le numérateur 5 servant un instant seulement pour aider à assigner l'emploi qu'il faut faire de la fraction à laquelle il appartient). Je divise par l'autre fraction.

125. *Comment se fait-il que dans la résolution d'un problème de règle de trois, on peut raisonner sur des nombres quelconques mis à la place des nombres de l'énoncé?* —Parce que l'emploi qu'il faut faire d'un nombre dans le calcul ne dépend qu'en apparence de la grandeur de ce nombre ; il dépend plutôt de l'espèce de quantité que le nombre représente et de la place qu'il tient dans la supposition ou dans la question. Il est facile de s'en convaincre en examinant les problèmes précédents.

Problèmes.

Problèmes préliminaires pour faciliter l'intelligence de la règle de trois.

(Pour ces premiers problèmes, les principes de la multiplication et de la division suffisent, voy. *Arithmétique*, p. 60 et 86.)

116. 3 litres de vin coûtent 1 fr. 50. Combien coûte 1 litre? Le prix d'un litre de vin étant connu, calculer le prix de 25 litres.

117. 5 personnes ont payé ensemble dans un hôtel 130 fr. Quelle a été la dépense de chacune ? La dépense de chaque personne étant connue, calculer la dépense de 8 personnes.

118. 39 ouvriers ont fait un ouvrage en 25 jours. Combien un seul ouvrier aurait-il employé de jours à faire cet ouvrage ? Le temps employé par un seul ouvrier étant connu, calculer le temps qu'il aurait fallu à 12 ouvriers.

119. 40 ouvriers ont fait un ouvrage en 9 jours. Combien aurait-il fallu d'ouvriers pour le faire en 1 jour ? Ce nombre d'ouvriers étant connu, calculer le nombre d'ouvriers qu'il faudrait pour faire l'ouvrage en 18 jours ?

120. 12 ouvriers ont fait 64 mètres d'ouvrage. Combien un seul ouvrier en ferait-il ? L'ouvrage que ferait un seul ou-

vrier étant connu, calculer celui que feraient 75 ouvriers.

121. 25 hectolitres de vin ont coûté 480 fr. Quel est le prix d'un hectolitre ? Quel est le prix de 72 hectolitres ?

122. Un voyageur a fait en chemin de fer 760 kilom. en 20 heures. Combien a-t-il fait de chemin en 1 heure ? Combien en a-t-il fait en 8 heures ?

123. 8 chevaux ont mangé 625 kilog. de foin en 11 jours. Combien en ont-ils mangé en 1 jour? Combien en ont-ils mangé en 18 jours ?

124. 8 chevaux ont mangé une certaine quantité de foin en 50 jours. Combien aurait-il fallu de chevaux pour manger la même quantité en 1 jour ? Combien aurait-il fallu de chevaux pour manger la même quantité en 30 jours ?

125. Un marchand a vendu 100 kilog. de sucre pour 180 fr. Combien vendra-t-il le kilogramme ? Combien vendra-t-il 350 kilog. ?

126. 3 hectares de vigne ont rapporté 3500 fr. Combien a rapporté un hectare ? Combien rapporteront 8 hectares de la même qualité ?

127. Le port d'une caisse pesant 78 kilog. a coûté 7 fr 50. Combien coûte en proportion le port d'un kilogramme ? Combien coûtera le port de 150 kilog.?

128. 55 ouvriers ont fait 25 m. d'ouvrage en 67 jours. Combien un seul ouvrier aurait-il mis de temps à faire l'ouvrage ? Combien en auraient mis 42 ouvriers ?

129. Un ouvrier travaillant 9 heures par jour a mis 41 jours à faire un ouvrage. Combien aurait-il mis de jours en ne travaillant qu'une heure par jour ? Combien aurait-il mis de jours en travaillant 11 heures par jour ?

130. 13 hectol. de blé ont coûté 180 fr. 50. Combien coûte un hectolitre ? Combien coûteront 73 hectol.?

131. On a creusé un fossé de 80 m. de longueur sur 2 m. de largeur. Quelle longueur aurait-on fait dans le même temps en ne donnant au fossé qu'un mètre de largeur. Quelle longueur ferait-on en donnant au fossé 3 m. de largeur ?

132. On a employé 178 arbres pour planter une allée en mettant 3 m. 5 d'intervalle entre les arbres. Combien aurait-il fallu d'arbres en ne mettant qu'un mètre d'intervalle ? Combien en aurait-il fallu en faisant l'intervalle de 4 m.?

133. Une voiture a parcouru 150 kilom. en 2 h. 20 m. Combien a-t-elle parcouru de mètres en une minute? Combien en parcourra-t-elle en 3 h. 45 m.?

134. Pour tapisser une chambre, il a fallu 13 rouleaux de papier de 8 m. de longueur. Combien aurait-il fallu de rouleaux d'un mètre seulement de longueur ? Combien en faudrait-il, la longueur du rouleau étant de 9 m.?

135. Un écolier fait en 2 heures 3 pages d'écriture de 25

lignes chacune. Combien ferait-il de pages dans le même temps, si les pages n'avaient qu'une ligne ? (Une page a toujours plus d'une ligne. Cette question n'est évidemment posée que pour amener la suivante). Combien l'écolier ferait-il de pages de 15 lignes ?

136. 40 ouvriers ont fait 125 m. d'ouvrage ? Combien un seul ouvrier aurait-il fait d'ouvrage ? Combien y aurait-il eu d'ouvrage exécuté si les 41 ouvriers s'en étaient adjoint 25 autres ?

137. On a payé 650 fr. pour 50 hectol. de vin. Combien aurait-on payé pour 1 hectol. ? Combien aurait-on payé si, au lieu de 50 hectol., on en avait acheté 15 de plus ?

138. Pour tapisser une chambre de 3 m. de hauteur, il a fallu 15 rouleaux de tapisserie. Combien aurait-il fallu de rouleaux pour une hauteur d'un mètre seulement ? (Il n'y a pas évidemment de chambre de cette hauteur, mais cette question est nécessaire pour amener la suivante.) Combien aurait-il fallu de rouleaux si la chambre, au lieu de 3 m. de hauteur, avait eu 0 m. 50 de plus ?

139. En travaillant 8 heures et demie par jour, un ouvrier a fait un ouvrage en 15 jours. Combien aurait-il dû travailler d'heures par jour pour faire l'ouvrage en 1 jour ? (La réponse à cette question sera absurde, parce qu'il n'y a pas plus de 24 heures en 1 jour ; mais elle est nécessaire pour la question suivante.) Combien aurait-il dû travailler d'heures par jour pour employer à faire l'ouvrage 5 jours de plus qu'il n'en avait d'abord employé ?

140. Pour carreler un appartement, on a employé 800 carreaux de 5 décim. carrés de surface. Combien aurait-il fallu de carreaux de 1 décim. carré seulement de surface ? Combien en aurait-il fallu de 3 décim. 1/2 ?

141. Pour tapisser un appartement, il faut 8 rouleaux et demi de papier de 0 m. 65 de largeur. Combien faudrait-il de rouleaux de 0 m. 01 de large ? Combien en faudrait-il de 0 m. 70 de largeur ?

142. On a eu pour une certaine somme 950 litres de vin à 0 fr. 35 le litre. Combien en aurait-on eu à 0 fr. 01 le litre ? Combien à 0 fr. 45 le litre ?

143. Pour carreler une salle, on a employé 2000 carreaux d'une surface de 0 m. carr. 06. Combien faudrait-il de carreaux de 0 m. carr. 01 de surface ? Combien en faudrait-il de 0 m. carr. 05 ?

Problèmes de règle de trois simple.

(1re ou 2e règle, p. 46 et 47.)

NOTA. — Si, dans tous les problèmes précédents, on sous-entend la 1re question, on aura un problème ordinaire de règle de trois. Nous allons donner ici un certain nombre de problèmes où cette 1re question est en effet sous-entendue.

1° *D'après les deux premiers exemples*, p.48 et 49.

144. 3 hectol. d'huile ont coûté 152 fr. Combien coûteront 8 hectol.?

145. 3 hectol. de vin ont coûté 52 fr. Combien aura-t-on d'hectolitres pour 1260 fr.?

146. 40 ouvriers ont fait 25 m. d'ouvrage. Combien 14 ouvriers en feront-ils ?

147. 4 ouvriers ont fait 45 m. d'ouvrage. Combien faudrait-il d'ouvriers pour faire 105 m. d'ouvrage ?

148. Un ouvrier travaillant 9 heures par jour a mis 15 jours à faire un ouvrage. Combien lui aurait-il fallu de jours en travaillant 7 h. par jour ?

149. Un ouvrier travaillant 9 heures par jour a mis 15 jours à faire un ouvrage. Combien aurait-il dû travailler d'heures par jour pour faire l'ouvrage en 11 jours ?

150. Il a fallu 50 rouleaux de papier pour tapisser les murs d'une salle de 5 m. de hauteur. Combien faudra-t-il de rouleaux pour une autre salle de 4 m. seulement de hauteur ?

151. Il faudrait, pour carreler une chambre, 2300 carreaux de 3 décim. carrés de surface. Combien en faudrait-il de 2 décim. carrés ?

152. Pour une certaine somme, on a eu 50 m. de drap à 12 fr. le mètre. Combien aurait-on eu de mètres d'un autre drap ne coûtant que 11 fr.?

153. Un écolier a fait en un mois 50 pages d'écriture de 30 lignes chacune. Combien la page devrait-elle avoir de lignes pour pouvoir faire dans le même temps 60 pages ?

154. Un train de chemin de fer a parcouru 320 kilom. en 8 heures. Combien en parcourra-t-il en 27 heures ?

155. On a creusé en un certain temps un fossé de 89 m. de long sur 2 m. de large. Combien creuserait-on dans le même temps d'un fossé de 3 m. de large ?

156. Le port d'une caisse, pour une distance de 79 kilom., a coûté 4 fr. Pour quelle distance, en proportion, paierait-on 9 fr. le port d'une caisse de même poids ?

157. Une locomotive a parcouru 568 kilom. avec une vi-

tesse de 12 m. par seconde. Quelle serait sa vitesse pour parcourir 785 kilom. dans le même temps?

158. Il faudrait, pour paver une église, 1288 dalles de 70 centim. de longueur. Combien en faudrait-il de 85 centim. de longueur?

159. On a planté 1800 arbres sur une promenade en les mettant à 5 m. les uns des autres. Combien aurait-il fallu d'arbres en mettant entre eux une distance de 6 m.?

2° *D'après le 3ᵉ exemple*, p. 49.

160. On paie 3 fr. 50 pour le transport de 100 kilog. d'une certaine marchandise. Combien paierait-on, en proportion, pour le transport d'un ballot de la même marchandise pesant 30 kilog. de plus?

161. Un écolier fait en un certain temps 3 pages d'écriture de 25 lignes chacune. Combien ferait-il dans le même temps de pages ayant 5 lignes de plus?

162. 7 hect. de terre ont produit en 2 ans une récolte estimée 5840 fr. Combien peut-on espérer de 56 hect. du même terrain pendant le même temps?

163. 7 hect. 60 ares de terre ont produit une récolte estimée 1840 fr. Quelle étendue de terre faudra-t-il pour une récolte d'une valeur de 5500 fr.?

164. 2 hect. de vignes ont rapporté 15 hectol. de vin. Combien 3 hect. 55 ares des mêmes vignes ont-ils rapporté?

165. L'exécution de 13 kilom. de chemin de fer a coûté 1500000 fr. Combien coûteront, dans les mêmes conditions, 65 kilom. 8?

166. 157 kilog. 8 de farine coûtent 57 fr. Combien coûtent les 100 kilog.?

167. On gagne 15 fr. sur 100 fr. de marchandises vendues. Combien gagnera-t-on en proportion sur 37 fr. 50?

168. Dans un réservoir de 7 m. de longueur et de 4 m. de largeur, l'eau s'élève à une hauteur de 3 m. 50. A quelle hauteur la même quantité d'eau s'élèverait-elle, si le réservoir avait 4 m. de plus de longueur?

169. Pour le dallage d'une église, il a fallu 2552 dalles de 40 décim. carrés de surface. Combien en aurait-il fallu de 30 décim. carrés?

170. 8 hectol. de vin ont coûté 12 fr. 50 de transport à une distance de 30 kilom. Combien paiera-t-on pour la même quantité à une distance de 45 kilom.?

171. 13 personnes ont payé pendant deux jours dans un hôtel 78 fr. Combien 7 personnes de plus auraient-elles payé pour le même temps?

3° *D'après les* 4e *et* 5e *exemples*, p. 50 et 51.

172. On a payé 45 fr. une pièce d'étoffe de 0 m. 95 de largeur. Combien vaudrait en proportion la même pièce d'étoffe si elle n'avait que 80 centim. de largeur ?

173. Un fossé de 75 centim. de largeur a coûté 80 fr. Combien aurait-il coûté si on ne lui avait donné que 0 m. 60 de largeur ?

174. On a payé 2500 fr. pour 1 hecta. 25 ares de terrain. Combien coûteraient 50 ares du même terrain ?

175. On a acheté 3 hectol. de vin pour 75 fr. Combien paierait-on 50 litres seulement ?

176. 3 kilog. de sucre ont coûté 5 fr. 40. Combien coûteront 8 hectog. ?

177. 2 hectol. de blé ont coûté 56 fr. 60. Combien paiera-t-on pour 15 décal. de même blé ?

4° *D'après les trois derniers exemples*, p. 51 à 54.

178. Une locomotive parcourt 4 kilom. en 5 minutes. Quel chemin fera-t-elle en 2 h. 34 m ?

179. Une roue a fait 2345 tours en 13 minutes. Combien en fera-t-elle dans 1 heure ?

180. Un ouvrier travaillant 7 heures et demie par jour a fait en un certain temps 52 m. d'ouvrage. Combien en fera-t-il en travaillant 9 heures par jour ?

181. Un train de chemin de fer a parcouru 150 kilom. en 3 heures. Combien parcourra-t-il en 5 heures et demie ?

182. Une roue a fait 2000 tours en 50 minutes. Combien en fera-t-elle en 1 h. 35 m. ?

183. Un ouvrier travaillant 7 heures par jour a pu faire les 2/3 de son travail. Combien aurait-il dû travailler d'heures par jour pour en faire les 3/4 ?

184. Une bougie a brûlé jusqu'au tiers en 2 heures 1/4. Combien de temps en tout lui aura-t-il fallu pour brûler jusqu'à la moitié ?

CHAPITRE VIII

Règle de trois composée.

126. Règle. — Une règle de trois composée se fait par autant de règles de trois simples qu'il y a d'espèces de quantités autres que l'espèce de l'inconnue, en

ayant soin de poser chaque fois la même question. Au lieu d'effectuer immédiatement les opérations, on les indique sous la forme d'une fraction, en observant que les nombres par lesquels on doit multiplier s'écrivent au numérateur, séparés les uns des autres par le signe $\times$, et que ceux par lesquels il faut diviser s'écrivent de même au dénominateur. D'ailleurs, les différents nombres se placent au numérateur ou au dénominateur d'après la 1re ou la 2e règle donnée au chapitre précédent. Quand on a achevé de disposer ainsi les nombres, on multiplie tous ceux du numérateur entre eux, puis tous ceux du dénominateur, et on divise le premier produit par le second.

127. *Exemples.* — 1er EXEMPLE. — *Problème.* — 3 ouvriers ont fait 25 mètres d'ouvrage en 9 jours. Combien 14 ouvriers feront-ils d'ouvrage en 4 jours ?

Supposition.	3 ouv.	25 m.	9 j.	*Réponse.*—51 m.
Question.	14	x	4	85 cent.

Opération.

$$\frac{25 \times 14 \times 4}{3 \times 9} = 51{,}85$$

Explication. (1re règle). — Je pose 25. Combien 1 ouvrier, au lieu de 3, fera-t-il d'ouvrage ? 3 fois moins ; je divise donc par 3. Combien 14 ouvriers, au lieu d'un, feront-ils d'ouvrage ? 14 fois plus ; je multiplie par 14. — Combien d'ouvrage en 1 jour au lieu de 9 jours ? 9 fois moins ; je divise par 9, en écrivant 9 au dénominateur à la suite de 3. Combien d'ouvrage en 4 jours au lieu d'un jour ? 4 fois plus ; je multiplie par 4 en écrivant 4 au numérateur. — Maintenant je fais le produit des trois nombres du numérateur, 25, 14 et 4 ; je trouve 1400. Le produit des deux nombres du dénominateur est 27. Je divise 1400 par 27. Le quotient est 51,85.

Explication (2e règle). — Je pose 25. Combien 14 ouvriers, au lieu de 3, feront-ils d'ouvrage ? Ils en feront plus ; je multiplie donc par le plus grand nombre 14 et je divise par l'autre nombre 3. — Combien d'ouvrage en 4 jours au lieu de 9 jours ? Moins ; je multiplie donc par le plus petit nombre 4, et je divise par l'autre nombre 9 en l'écrivant au dénominateur à la suite de 3. — Maintenant je fais le produit des trois nombres du numérateur, 25, 14 et 4, je trouve 1400. Le produit des deux nombres du dénominateur est 27. Je divise 1400 par 27. Le quotient est 51,85.

2e EXEMPLE. — *Problème.* — 3 ouvriers ont fait 25 mètres d'ouvrage en 9 jours, travaillant 7 heures par jour. Combien d'heures par jour devraient travailler 14 ouvriers pour faire 45 mètres en 4 jours?

Supposition.	3 ouv.	25 m.	9 j.	7 h.
Question.	14	45	4	x

Opération.

$$\frac{7 \times 3 \times 45 \times 9}{14 \times 25 \times 4} = 6 \text{ h. } \frac{21}{280}$$

Réponse. — 6 heures $\frac{21}{280}$ ou environ 6 h. 4 m.

Explication (1re règle). — Je pose 7. Combien d'heures par jour devra travailler 1 ouvrier au lieu de 3 ? 3 fois plus; je multiplie par 3 et je divise par l'autre nombre de même espèce 14 (voy. 1re remarque, p. 47). — Combien d'heures par jour pour faire 1 mètre d'ouvrage au lieu de 25 ? 25 fois moins ; je divise par 25 et je multiplie par l'autre nombre de même espèce 45. — Combien d'heures par jour en travaillant 1 jour au lieu de 9? 9 fois plus ; je multiplie par 9 et je divise par l'autre nombre de même espèce 4.

Explication (2e règle). — Je pose 7. Combien d'heures par jour devraient travailler 14 ouvriers au lieu de 3 ? *Moins* d'heures; je multiplie par le plus petit nombre 3 et je divise par l'autre. Combien d'heures par jour pour faire 45 mètres au lieu de 25? *Plus* ; je multiplie par le plus grand nombre 45 et je divise par l'autre. — Combien d'heures par jour en travaillant 4 jours au lieu de 9 ? *Plus* ; je multiplie par le plus grand nombre 9 et je divise par l'autre.

Problèmes de règle de trois composée.

(Règle, p. 59.)

185. On a dépensé 580 fr. pour nourrir 35 personnes pendant 8 jours. Combien dépensera-t-on pour nourrir 40 personnes pendant 12 jours ?

186. 5 ouvriers ont fait 40 m. d'ouvrage en 15 jours. Combien 12 ouvriers feront-ils d'ouvrage en 8 jours ?

187. 2 ouvriers travaillant 10 heures par jour ont fait un ouvrage en 7 jours. En combien de jours 5 ouvriers travaillant 9 heures par jour feraient-ils le même ouvrage ?

188. La nourriture de 25 chevaux pendant un mois a coûté 600 fr. Combien coûtera la nourriture de 70 chevaux pendant un an ?

189. On a mis 25 jours à creuser un fossé de 300 m. de

longueur sur 1 m. de largeur et 50 cm. de profondeur. Combien mettrait-on de temps à creuser un fossé de 450 m. de longueur sur 75 cm. de largeur et 80 cm. de profondeur ?

190. En travaillant 9 h. par jour, on a fait en 31 jours 70 m. d'ouvrage. Combien de jours mettrait-on à faire 120 m. d'ouvrage en travaillant 10 h. par jour ?

191. Un fossé de 150 m. de longueur sur 0 m. 75 de largeur et 60 cm. de profondeur coûte 55 fr. Combien coûterait un fossé de 225 m. de longueur sur 0 m. 90 de largeur et 65 cm. de profondeur ?

192. Il a fallu 800 arbres pour planter une allée de 350 m. de longueur en mettant un intervalle de 6 m. entre les arbres de chaque ligne. Combien faudrait-il d'arbres si l'allée n'avait que 220 m. de longueur, mais que les arbres, sur un même nombre de lignes, fussent à 5 m. l'un de l'autre ?

193. 8 moissonneurs ont mis 4 jours à moissonner un champ de 10 hecta. Combien faudrait-il de moissonneurs pendant 5 j. pour moissonner un champ de 6 hecta. ?

194. On a dépensé dans un hôtel 550 fr. pour la nourriture de 15 personnes pendant 20 jours. Combien dépenserait-on pour la nourriture de 25 personnes pendant 18 jours?

195. Il a fallu 50 ouv. travaillant 9 h. par jour pendant 65 j. pour faire enlever 860 m. cubes de terre. Combien faudra-t-il de jours à 30 ouv. travaillant 10 h. par jour pour faire un travail double ?

196. Un livre comprend 540 pages; chaque page a 36 lignes et la ligne a 52 lettres. Combien le même livre aurait-il de pages en mettant 40 lignes à la page et 60 lettres à la ligne ?

197. 3 voyageurs voyageant à frais communs ont dépensé 450 fr. pendant 6 jours. En combien de jours 5 voyageurs, dans les mêmes circonstances, dépenseraient-ils 750 fr.?

198. 14 ouvriers travaillant 8 heures par jour pendant 10 jours ont creusé un fossé de 250 m. de long sur 1 m. 50 de large. Combien faudrait-il d'ouvriers travaillant 6 heures par jour pour creuser un fossé de 130 m. de long sur 80 centim. de large?

199. Dans le cas du problème précédent, combien d'heures par jour devraient travailler 18 ouvriers pour creuser un fossé de 100 m. de long sur 1 m. de large ?

200. Dans le même cas, quelle serait la largeur d'un fossé creusé en 15 jours par 10 ouvriers travaillant 8 heures par jour ?

CHAPITRE IX

(Chap. XII.)

Cas divers de la règle d'intérêt traités par la règle de trois.

128. *La règle d'intérêt ramenée à la règle de trois.* — Une règle d'intérêt est une véritable règle de trois. En effet, le problème suivant, par exemple : *Quel est l'intérêt de* 3000 *fr. à* 5 0/0 *pendant un an?* peut s'énoncer ainsi qu'il suit :

100 fr. de capital rapportent 5 fr. d'intérêt en un an ; combien 3000 fr. de capital rapporteront-ils dans le même temps ?

C'est là une règle de trois simple.

Cette autre question : *Quel est l'intérêt de* 3000 *fr. à* 5 0/0 *pendant* 3 *ans?* équivaut à celle-ci :

100 fr. rapportent 5 fr. d'intérêt en un an ; combien 3000 fr. rapporteront-ils en 3 ans ?

C'est une règle de trois composée.

129. *Quatre cas de la règle d'intérêt.* — 1er Cas. — Le 1er cas de la règle d'intérêt, ou le cas ordinaire, est Celui où l'on demande l'intérêt produit par un capital. c'est le cas que nous avons déjà vu (*Arithmétique*, chap. XII, p. 175.)

130. 2e Cas. — Le 2e cas est celui où l'on demande quel capital rapporte un intérêt connu.

131. *Exemple.* — Problème. — Quel capital a rapporté 6000 fr. d'intérêt à 5 0/0 en 3 ans? — En d'autres termes : 100 fr. de capital rapportent 5 fr. en 1 an. Quel est le capital qui a rapporté 6000 fr. en 3 ans ?

Opération.

Supposition.	100 fr.	5 fr.	1 an.	$\frac{100 \times 6000 \times 1}{5 \times 3} = 40\,000.$
Question.	x	6000	3	

Réponse. — 40000 fr.

132. 3e Cas. — Le 3e cas est celui où l'on demande le taux.

133. *Exemple.* — PROBLÈME. — Un capital de 40000 fr. a produit 6000 fr. d'intérêt en 3 ans. A quel taux avait-il été placé ?--En d'autres termes : 40000 fr. ont rapporté 6000 fr. en 3 ans. Combien 100 fr. rapportent-ils ?

				Opération.
Supposition.	40000 fr.	6000 fr.	3 ans.	$\frac{6000 \times 100 \times 1}{40000 \times 3.} = 5.$
Question.	100	x	1	

Réponse. — 5 0/0.

134. 4e CAS. — Le 4e cas est celui où l'on demande pendant combien de temps le capital a produit l'intérêt.

135. *Exemple.* — PROBLÈME. — En combien de temps un capital de 40000 fr. placé à 5 0/0 a-t-il produit 6000 fr. d'intérêt? — Autrement : 100 fr. rapportent 5 fr. en un an. En combien de temps 40000 fr. rapporteront-ils 6000 fr.?

				Opération.
Supposition.	100 fr.	5 fr.	1 an.	$\frac{1 \times 100 \times 6000}{40000 \times 5.} = 3.$
Question.	40000	6000	x	

Réponse. — En 3 ans.

Problèmes.

201. Une personne qui prête 100 fr. pendant un an se fait rembourser 5 fr. en sus de la somme prêtée. Combien se fera-t-elle rembourser ainsi pour un prêt de 3000 fr. ?

202. Un prêt de 100 fr. rapportant 4 fr. 50 par an, combien rapportera un prêt de 3500 fr.?

203. Un prêt de 100 fr. rapportant 4 fr., quelle somme faudra-t-il prêter pour avoir un produit de 550 fr.?

204. Une personne se fait payer 400 fr. pour un prêt de 8000 fr. pendant un an, à combien ceci revient-il pour un prêt de 100 fr. seulement.

205. Une somme prêtée rapportant 800 fr. en 12 mois, combien rapportera-t-elle en 1 an 3 mois?

206. 100 fr. rapportent 5 fr. d'intérêt en 1 an. En combien de temps 2500 fr. rapporteront-ils 450 fr.?

207. En combien de temps un capital de 8000 fr. rapportera-t-il 2400 fr. d'intérêt à 5 0/0 ?

208. 9000 fr. ont rapporté 720 fr. en 2 ans. Combien 100 fr. ont-ils rapporté en 1 an?

209. Quel capital produit 500 fr. à 5 0/0 en 1 an ?

210. A quel taux est placé un capital de 40000 fr. qui produit 1600 fr. en 1 an ?

211. Quel capital produit 8000 fr. à 4 0/0 en 2 ans ?

212. A quel taux est placé un capital de 100000 fr. qui produit 15000 fr. en 3 ans ?

213. Quel capital produit 7992 fr. à 3 0/0 en 4 ans ?

214. Combien de temps faut-il à un capital de 10000 fr. pour produire 3000 fr. à 5 0/0 ?

215. Quel capital produit 8000 fr. d'intérêt à 4 0/0 en 3 ans ?

216. Combien de temps faut-il à un capital de 15000 fr. pour produire 3000 fr. d'intérêt à 5 0/0 ?

217. A quel taux est placé un capital de 25000 fr. qui produit 3500 fr. en 3 ans 1/2 ?

218. Combien de temps faut-il à un capital de 30000 fr. pour produire 2600 fr.?

219. Quel capital produit 8000 fr. d'intérêt à 4 0/0 en 2 ans 4 mois ?

220. Quel capital produit 3500 fr. d'intérêt à 5 0/0 en 3 ans 6 mois ?

221. A quel taux est placé un capital de 1239 fr. 58 produisant 2500 fr. d'intérêt en 1 an 5 mois ?

222. Combien de temps faut-il à un capital de 60000 fr. pour produire 1000 fr. d'intérêt à 5 0/0 ?

223. Un capital de 5000 fr. a produit 600 fr. en 3 ans. A quel taux était-il placé ?

224. Combien de temps faut-il à un capital de 50000 fr. placé à 5 0/0 pour produire 7500 fr. d'intérêt ?

225. Un capital de 12000 fr. a produit 120 fr. d'intérêt en 3 mois. A quel taux était-il placé ?

226. Quel capital a produit 500 fr. d'intérêt à 5 0/0 en 4 mois ?

227. Pendant combien de temps a dû être placé un capital de 12000 fr. pour produire 7000 fr. d'intérêt à 5 0/0 ?

228. Sur un billet de 250 fr. payable à 30 jours, le banquier a retenu 1 fr. 25 d'escompte. Quel était le taux de l'escompte ?

229. Un billet de 400 fr. est escompté le 1er octobre ; le banquier a retenu 4 fr. d'escompte à 6 0/0. Quand le billet est-il payable ?

CHAPITRE X

Racine carrée.

136. *Qu'est-ce que le carré d'un nombre ?* — On appelle *carré* d'un nombre le produit de ce nombre multiplié par lui-même. Par exemple 9 est le carré de 3, parce que 3 fois 3 font 9.

137. *Qu'est-ce qu'une racine carrée ?* — Un nombre multiplié par lui-même s'appelle *racine carrée* du produit. Ainsi 3 est la racine carrée de 9.

138. *Quel est le signe de la racine carrée ?* — La racine carrée s'indique par le signe $\sqrt{\ }$. Ainsi $\sqrt{16}$ signifie racine carrée de 16.

139. *Racine carrée des nombres depuis* 1 *jusqu'à* 100. — La racine carrée des nombres depuis 1 jusqu'à 100 se trouve au moyen de la table de multiplication. Voici le tableau des dix premiers carrés exacts ou *carrés parfaits.*

Carrés.	1	4	9	16	25	36	49	64	81	100
Racines carrées.	1	2	3	4	5	6	7	8	9	10

D'après ce tableau, la racine carrée de 1 est 1, la racine carrée de 4 est 2, la racine carrée de 9 est 3, et ainsi de suite. Quant aux nombres intermédiaires entre 1 et 4, entre 4 et 9, etc., leur racine carrée est comprise entre les racines carrées du tableau. Ainsi la racine carrée de 3 est 1 plus une fraction, la racine carrée de 7 est 2, plus une fraction ; de même pour les autres nombres.

140. *Remarque.* — Un nombre entier qui n'a pas de racine carrée entière n'en a pas non plus de fractionnaire. Ainsi il n'y a pas de nombre qui exprime exactement la racine carrée de 3 ni de 7, de sorte que si l'on cherche la racine carrée de ces nombres, il y a toujours un reste, si loin qu'on prolonge l'opération.

Racine carrée des nombres entiers.

141. EXTRACTION DE LA RACINE CARRÉE D'UN NOMBRE ENTIER. — 1re RÈGLE. — On partage le nombre en tranches de deux chiffres chacune en commençant par la droite, de sorte que la première tranche à gauche peut n'avoir qu'un chiffre. On prend la racine de cette première tranche et on l'écrit à la place ordinaire des racines, qui est celle du diviseur dans la division. On fait le carré de cette racine et on le soustrait de la première tranche. On abaisse à droite du reste la deuxième tranche, et l'on sépare un chiffre à droite par un point. Les chiffres à gauche du point forment un dividende qui sert à trouver le second chiffre de la racine. Pour cela, on fait le double de la racine déjà trouvée et on l'écrit au-dessous de la racine. On divise le dividende dont il vient d'être parlé par le double de la racine. On écrit le quotient à droite du chiffre déjà obtenu à la racine ; on l'écrit de même à droite du double de la racine, et on multiplie par ce même quotient le nombre ainsi formé. On retranche le produit du reste suivi de la deuxième tranche. On a ainsi un nouveau reste à droite duquel on abaisse la troisième tranche, et, pour avoir un troisième chiffre à la racine, on opère comme pour avoir le second, séparant un chiffre sur la droite par un point, doublant le nombre déjà obtenu à la racine, etc.

142. *Comment reconnaît-on qu'un chiffre écrit à la racine est trop fort ou trop faible ?* — 1° Quand une soustraction ne peut se faire, c'est que le chiffre écrit à la racine est trop fort ; on le diminue alors d'une ou de plusieurs unités de manière que la soustraction soit possible.

2° Le reste d'une soustraction ne doit pas être plus fort que le double de la racine. Si un reste surpasse le double de la racine, c'est qu'on a écrit à la racine un chiffre trop faible ; on l'augmente donc d'une ou de plusieurs unités.

143. PREUVE. — On fait la preuve de l'extraction

d'une racine carrée d'un nombre en multipliant la racine par elle-même et en ajoutant au produit le dernier reste. On doit retrouver le nombre proposé.

144. *Exemples d'extraction de la racine carrée.* — 1er Ex. — Extraire la racine carrée de 119716.

On dispose l'opération comme il suit :

```
11.97.16 | 346  racine.
 9       |----
-----    | 64
 29.7    |  4
 25 6       --
------     686
  4 11.6     6
  4 11 6
  ------
       0
```

Explication. — Je partage d'abord le nombre proposé en tranches de deux chiffres chacune. Il se compose de trois tranches, ce qui annonce qu'il y aura trois chiffres à la racine.

Maintenant je dis : la racine carrée de 11 est 3 pour 9 (ce n'est pas 4, parce que 4 fois 4 font 16, produit supérieur à 11). J'écris 3 à la racine. 3 fois 3 font 9, je retranche 9 de 11, il reste 2.

J'abaisse la tranche suivante 97. Séparant un chiffre sur la droite par un point, j'ai le dividende 29. Je double le chiffre 3 de la racine ce qui fait 6, j'écris 6 sous la racine à la place ordinaire du quotient dans la division. En 29 combien de fois 6 ? Il y est 4 fois. J'essaie 4 en le posant à la droite de 6, ce qui fait 64 et en multipliant 64 par le même chiffre 4 : le produit 256 pouvant se soustraire de 297, j'en conclus que le chiffre 4 est bon et je le pose à la racine à droite du premier chiffre 3. Je retranche 256 de 297. Il reste 41. (L'essai dont on vient de parler se fait habituellement par la pensée, et lorsqu'on s'est ainsi assuré que le chiffre est bon, on l'écrit d'abord à la racine, puis à droite du double de la racine, et on multiplie comme il a été dit).

J'abaisse la tranche suivante 16. Je sépare un chiffre sur la droite par un point, j'ai ainsi pour dividende 411, je double la racine 34 ce qui fait 68, c'est le diviseur. En 411 combien de fois 68 ? Il y est 6 fois. Essayant par la pensée le chiffre 6, je trouve qu'il est bon. J'écris donc 6 à la racine, puis à droite du double 68 et je multiplie 686 par 6. Le produit est 4116. Il se retranche sans reste. La racine carrée du nombre proposé est donc exactement 346.

Preuve.—On fait la preuve en multipliant 346 par 346. On retrouve au produit 119716.

2e Exemple. — (Dans cet exemple les produits ne sont pas écrits, on les retranche immédiatement comme dans la division abrégée.)

1.43.75.34	1198
04.3	
2 27.5	21
21 43.4	1
2 33 0	
	229
	9
	2388
	8

Explication. — La racine carrée de 1 est 1 exactement; c'est pourquoi, au commencement de l'opération, il reste 0. — Le premier dividende 4 contient bien le diviseur 2 deux fois; mais si je pose 2 à la racine, la soustraction ne pourra se faire. C'est pourquoi j'écris une seconde fois 1 à la racine. Le deuxième reste 22 est le double de la racine 11; il n'est pas trop fort, d'après l'observation du n° 142, puisqu'il ne dépasse pas le double de la racine. Il en sera de même des autres restes 214 et 2330 qui ne dépassent pas le double des racines 119 et 1198. — Le deuxième dividende 227 contient le deuxième diviseur 22 dix fois, mais on ne peut écrire au plus que 9 à la racine.— Le troisième dividende 2143 contient le troisième diviseur 238 neuf fois, mais en écrivant 9 à la racine, la soustraction ne pourrait se faire; j'écris donc 8 à la racine.

La racine du nombre proposé est donc 1198 avec un reste très-fort. Ce reste égale presque le double de la racine; on en conclut que la racine est très près de 1199 au lieu de 1198.

3e Exemple.

49.42.20.24.80.64	703008
04.22.0	
1 12.48.06.4	1403
0	3
	1406008
	8

Explication. — Après avoir obtenu le premier chiffre 7 de la racine et avoir abaissé la seconde tranche 42, le dividende 4 ne contenant pas le diviseur 14, je mets 0 à la racine.— J'abaisse la tranche 20 à droite de 42, je sépare un chiffre sur la droite par un point, ce qui donne un nouveau dividende 422, je double la racine 70, ce qui fait 140, et je divise 422 par 140 pour avoir le troisième chiffre 3 de la racine. — J'abaisse la tranche 24. Le dividende 112 ne contenant pas le nouveau diviseur 1406, j'écris 0 à la racine. — J'abaisse la tranche 80. Le dividende 11248 ne contenant pas le diviseur 14060, je pose de nouveau 0 à la racine. — J'abaisse la tranche 64. Enfin le dividende 1124806 contient le nouveau diviseur 140600 huit fois. Je pose 8 à la racine, Ce chiffre donne 0 pour reste. La racine demandée est donc 703008 exactement.

145. *Remarque relative au double de la racine.* — Le double 22 de la racine 11, dans le 2e exemple ci-dessus, est égal à la somme des deux facteurs 21 + 1. Le double 238 de la racine 119 est de même égal à la somme 229 + 9. On pourrait faire une remarque semblable sur les autres exemples. On peut donc, pour avoir chaque diviseur, au lieu de doubler la racine, additionner les deux facteurs du produit qu'on vient de soustraire.

146. Comment on obtient des décimales a la racine. — 2e Règle. — Quand le nombre dont on a pris la racine donne un reste, si l'on veut avoir des décimales, on met une virgule à la racine, puis on ajoute à droite du reste une tranche de zéros ; en opérant comme précédemment, on obtient à la racine un chiffre de dixièmes. En ajoutant au nouveau reste une autre tranche de zéros, on aurait de même un chiffre de centièmes, et ainsi de suite.

147. *Exemple.* — Extraire la racine carrée de 1538 à 0,01 près.

15.38	39,21
63.8	——
170.0	69
1360.0	9
5759	—
	782
	2
	—
	7841
	1

Explication. — Le nombre proposé a la racine 39 avec 17 pour reste. Pour avoir des dixièmes à la racine, j'ajoute à droite du reste 17 une tranche de deux zéros, ce qui fait 1700. En opérant comme à l'ordinaire je trouve 2 à la racine. Pour des centièmes, j'ajoute de même, à droite du nouveau reste 136, une tranche de deux zéros et je trouve 1 à la racine. Il y a encore un reste. L'opération, continuée indéfiniment, d'après la remarque du n° 140, donnerait toujours un reste.

Racine carrée des nombres décimaux et des fractions.

148. Extraction de la racine carrée d'un nombre décimal. — 3e Règle. — On fait en sorte que les chiffres décimaux du nombre proposé soient en nombre pair, en ajoutant au besoin un zéro à sa droite. Puis on partage le nombre en tranches de deux chiffres chacune comme à l'ordinaire, et on en extrait la racine comme si c'était un nombre entier. On met la

virgule décimale à la racine aussitôt qu'on a épuisé la partie entière du nombre proposé. S'il n'y a point d'entiers, on commence l'opération en mettant à la racine 0 suivi d'une virgule. Si les premières tranches à gauche sont des tranches de zéros, on met autant de zéros à la racine qu'il y a de tranches pareilles, et on opère sur les chiffres suivants comme sur des entiers.

149. *Exemples.* — 1er EXEMPLE. — Extraire la racine carrée de 8,157.

8,15.70	2,856
41·5	
3 17.0	48
34 50.0	8
26 4	
	565
	5
	5706
	6

Explication. — Le nombre proposé ayant trois chiffres décimaux, j'ajoute un zéro à droite pour en faire quatre, puis j'opère comme si tout le nombre était un nombre entier. Je mets une virgule après le premier chiffre 2 de la racine fourni par la partie entière 8 du nombre proposé. A la fin de l'opération, voulant avoir un chiffre décimal de plus à la racine, j'ajoute une tranche de zéros à droite du reste 345. La racine est 2,856.

2e EXEMPLE. — $\sqrt{0.00006952}$.

0,00.00.69.52	0,0083
55.2	
6 3	163
	3

Explication. — Le nombre proposé a huit chiffres décimaux (nombre pair) ; par conséquent il n'y a pas à ajouter un zéro à sa droite. Ce nombre étant partagé en tranches de deux chiffres chacune, présente à gauche trois tranches de zéros. Il faut commencer par écrire trois zéros à la racine, le premier suivi d'une virgule pour représenter les entiers. J'extrais ensuite comme à l'ordinaire la racine du nombre 6952.

150. EXTRACTION DE LA RACINE CARRÉE D'UNE FRACTION ORDINAIRE. — 4e RÈGLE. — On extrait séparément la racine carrée du numérateur et du dénominateur. Si l'un de ces deux nombres n'a pas de racine carrée exacte, on réduit la fraction ordinaire en fraction décimale et on opère alors d'après la règle précédente.

151. *Exemples.* — 1er EXEMPLE. — Extraire la racine carrée de $\frac{9}{25}$.

Les nombres 9 et 25 étant des carrés parfaits, c'est-à-dire des nombres dont on peut avoir la racine carrée sans reste, on prend la racine carrée de 9 qui est 3 et la racine carrée de 25 qui est 5. On forme ainsi la fraction $\frac{3}{5}$ qui est la racine carrée demandée.

2e EXEMPLE. — Extraire la racine carrée de $\frac{8}{25}$.

Le numérateur 8 n'ayant pas de racine carrée exacte, on réduit la fraction $\frac{8}{25}$ en fraction décimale, ce qui se fait en divisant 8 par 25 (Arithmétique, règle du n° 287, p. 125). On obtient 0,32. Puis on extrait la racine carrée de 0,32.

Opération.	0,32	0,56
	70.0	
	64	106
		6

Réponse. — 0,56 à 0,01 près.

Applications de la racine carrée.

152. *Problèmes.* — 1er PROBLÈME. — On veut planter 1225 arbres en carré. Combien devra-t-on en planter sur chaque ligne ?

Solution.— On extrait la racine carrée de 1225. On trouve à la racine 35.

Réponse. — On aura 35 lignes de 35 arbres chacune.

2e PROBLÈME. — On veut faire un jardin carré de la contenance de 56 ares 25 centiares. Combien faut-il donner de longueur et de largeur au jardin ?

Solution. — On extrait la racine carrée de 5625 mètres carrés (Voy. *Arithmétique*, nos 376 à 378, p. 160). La racine est 75.

Réponse. — Le jardin aura 75 mètres de côté.

Application à l'arpentage : mesure du triangle par ses trois côtés.

153. On peut obtenir la superficie d'un triangle en mesurant simplement ses trois côtés et sans avoir besoin de prendre sa hauteur. Cette méthode dispense de tout instrument autre qu'une chaîne d'arpenteur. Voici le calcul à effectuer pour cela.

154. Règle. — 1° On prend la moitié de la somme des trois côtés. 2° On retranche de cette moitié les trois côtés successivement. 3° On multiplie entre eux les quatre résultats obtenus. 4° Enfin, on extrait la racine carrée du produit. C'est la superficie demandée.

155. *Exemple.* — Problème. — En mesurant les trois côtés d'un champ de forme triangulaire, on a trouvé 55 m., 60 m. et 75 m. de longueur. Quelle est la superficie du champ?

Opérations.

1° Addition des trois côtés et demi-somme :

	55
	+ 60
	+ 75
Somme	190
Demi-somme	95

2° De cette demi-somme on soustrait chaque côté :

	95	95	95
	− 55	− 60	− 75
Restes	40	35	20

3° Multiplication des quatre résultats précédents :

$$95 \times 40 \times 35 \times 20 = 2660000.$$

4° Extraction de la racine carrée :

2.66.00.00 | 1630,9 racine.

Réponse. — La superficie du triangle est d'environ 1631 mètres carrés ou de 16 ares 31 centiares.

Exercices.

I. Racine carrée des nombres entiers.

(1re et 2e règles, p. 67 et 70).

1° *D'après la* 1re *règle*, 1er *exemple*, p. 68.

230. $\sqrt{64}$; $\sqrt{36}$; $\sqrt{81}$; $\sqrt{49}$; $\sqrt{25}$; $\sqrt{1}$.

231. $\sqrt{1024}$; $\sqrt{1681}$; $\sqrt{3136}$; $\sqrt{7225}$; $\sqrt{169}$; $\sqrt{576}$.

232. $\sqrt{119716}$; $\sqrt{13225}$; $\sqrt{51529}$; $\sqrt{168921}$.

2° *D'après les deux premiers exemples*, p. 68.

233. $\sqrt{232355}$; $\sqrt{349681}$; $\sqrt{967297}$; $\sqrt{32799}$.

234. $\sqrt{458945}$; $\sqrt{193175}$; $\sqrt{1517924}$; $\sqrt{1234321}$.

3° *D'après le 3e exemple*, p. 69.

235. $\sqrt{42025}$; $\sqrt{496697}$; $\sqrt{4012009}$; $\sqrt{250089007921}$.

4° *D'après la 2e règle*, p. 70.

236. $\sqrt{719}$ à 0,1 près; $\sqrt{78}$ à 0,01 près; $\sqrt{439}$ à 0,01 près; $\sqrt{600}$ à 0,01 près.

II. Racine carrée des nombres décimaux et des fractions.

(3e et 4e règles, p. 70 et 71).

1° *D'après la 3e règle, 1er exemple*, p. 71.

237. $\sqrt{20,25}$; $\sqrt{7,9}$ à 0,1 près; $\sqrt{45,027}$ à 0,001 près; $\sqrt{8,75}$ à 0,01 près.

2° *D'après le 2e exemple*, p. 71.

238. $\sqrt{0,25}$; $\sqrt{0,8}$ à 0,01 près; $\sqrt{0,0009}$; $\sqrt{0,008}$ à 0,001 près.

239. $\sqrt{0,041}$ à 0,001 près; $\sqrt{0,00071}$ à 0,001 près; $\sqrt{0,7}$ à 0,001 près; $\sqrt{0,04207}$ à 0,001 près.

3° *D'après la 4e règle, 1er exemple*, p. 71.

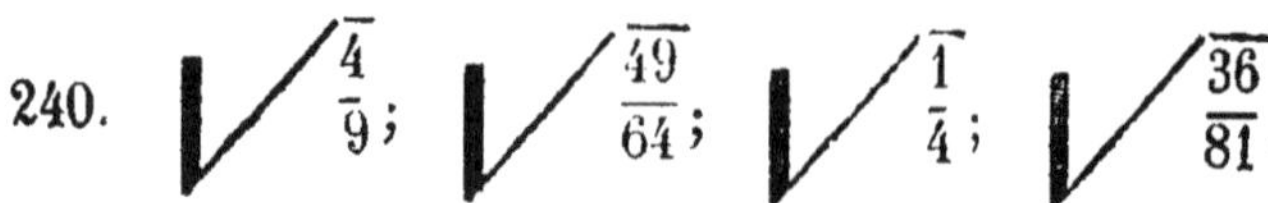

240. $\sqrt{\frac{4}{9}}$; $\sqrt{\frac{49}{64}}$; $\sqrt{\frac{1}{4}}$; $\sqrt{\frac{36}{81}}$.

4° *D'après le 2e exemple, p. 72.*

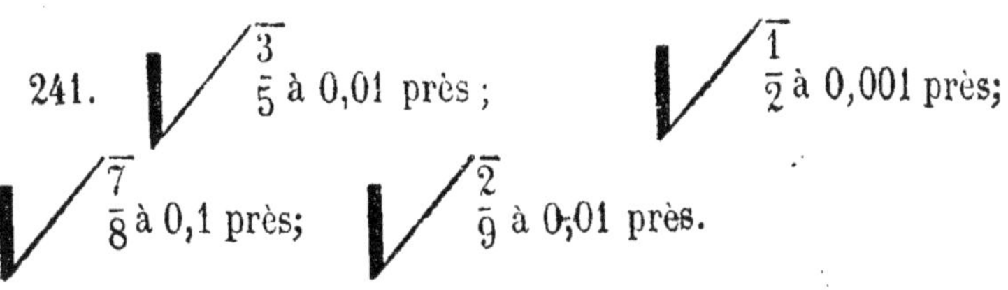

241. $\sqrt{\frac{3}{5}}$ à 0,01 près ; $\sqrt{\frac{1}{2}}$ à 0,001 près; $\sqrt{\frac{7}{8}}$ à 0,1 près; $\sqrt{\frac{2}{9}}$ à 0,01 près.

Problèmes.

(Nos 152 à 155, p. 72 et 73.)

242. On veut ranger 6084 hommes en carré. Combien d'hommes sur chaque ligne?

243. On cherche pour une réunion publique un emplacement carré pouvant contenir 15000 personnes en donnant l'espace d'un mètre carré à chacune. Quelles doivent être les dimensions du carré ?

244. On veut entourer d'un fossé un champ carré de 2 hectares 50 ares 25 centiares. Quelle sera la longueur totale du fossé ?

245. Les côtés d'un triangle sont de 200 m., 300 m., 400 m. Calculer la superficie du triangle.

246. Autre triangle dont les côtés sont de 124 m., 150 m., 100 m. Quelle est sa superficie ?

247. Autre triangle dont les côtés sont de 208 m., 175 m., 250 m. Quelle est sa superficie?

TABLE DES MATIÈRES

DU COMPLÉMENT.

Nota. — Les nombres entre parenthèses indiquent les chapitres correspondants de l'*Arithmétique élémentaire*.

1357. — Abbeville. — Imp. Briez, C. Paillart et Retaux.